알바로 시자의 산타 마리아 교회와 교구 센터

쿠바 아바나의 비에하 광장

에레크테이온 신전

스베레 펜의 북유럽 파빌리온

알제리의 엘 아퇴프

롱샹 성당

루이스 칸의 킴벨미술관

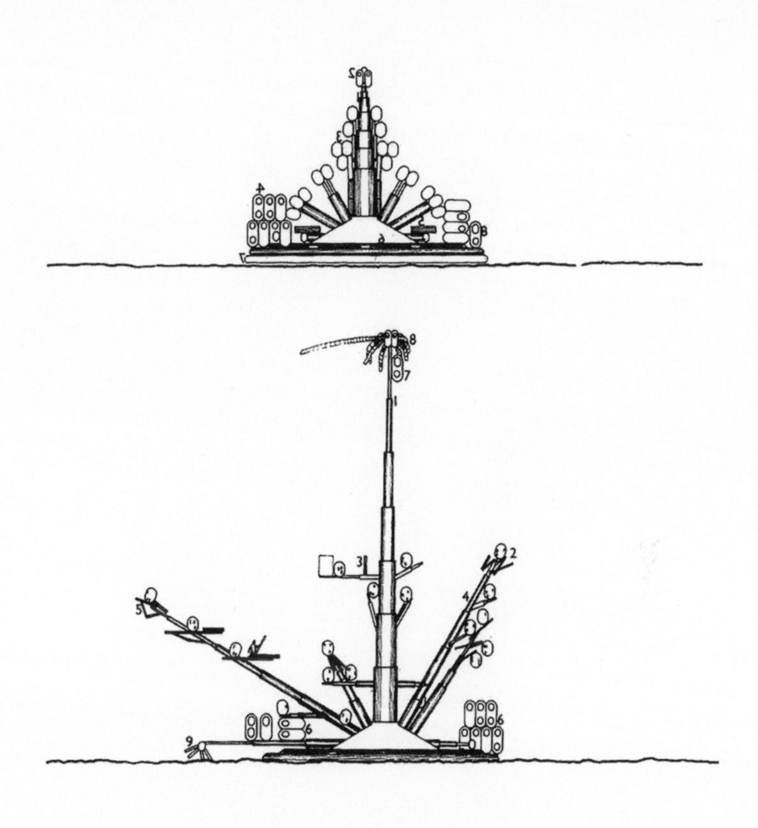

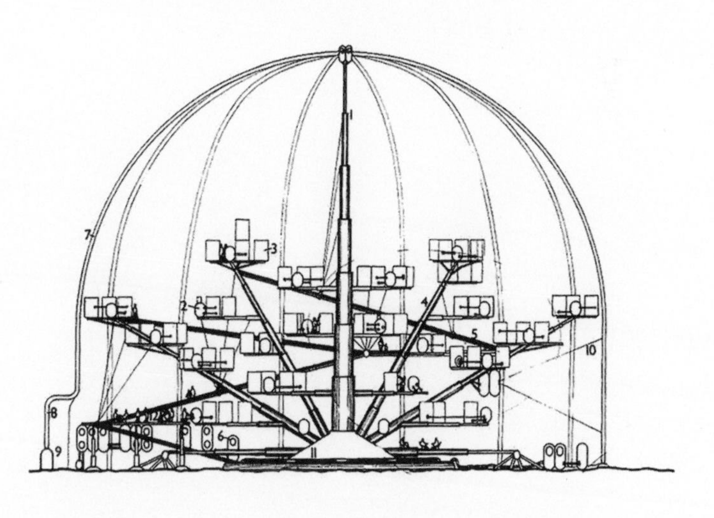

블로아웃 빌리지

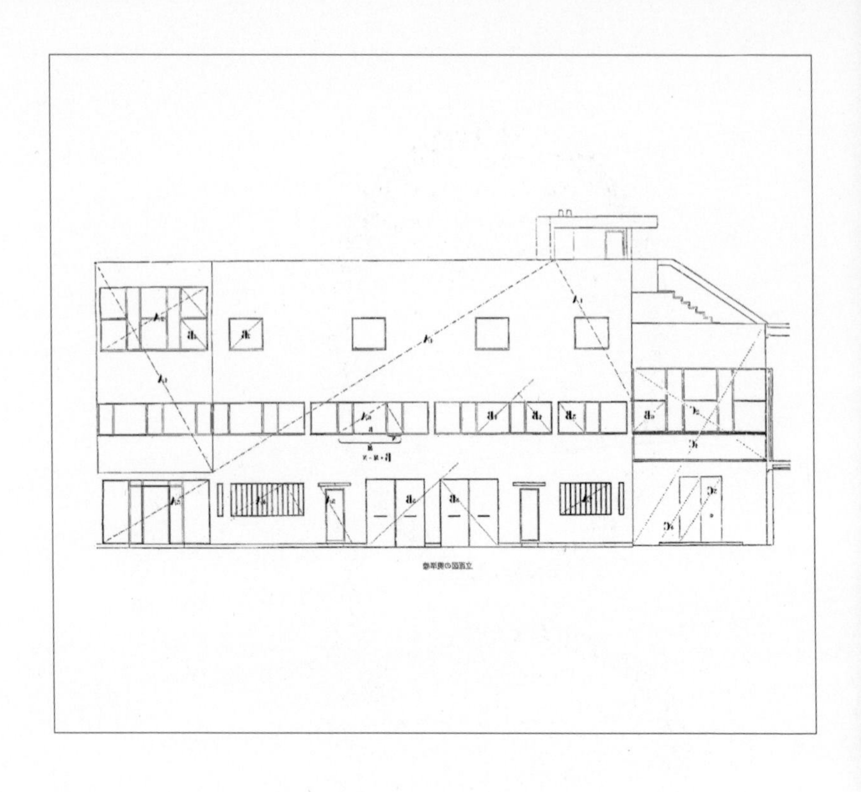

르 코르뷔지에의 라 로슈 주택의 입면 규준선

tree is
leaf and leaf
is tree - house is
city and city is house
- a tree is a tree but it
is also a huge leaf - a
leaf is a leaf, but it is
also a tiny tree - a city
is not a city unless it
is also a huge house -
a house is a house
only if it is also
a tiny city

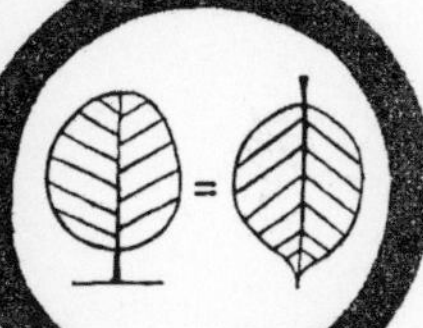

say leaf - say tree
say a few leaves still and
many leaves soon - say leafless tree
- say heap of leaves - say this tree
when I grow up and that tree when
I was a child - say one tree, lots of
trees, all sorts of trees, trees in the
forest - say forest (hear: dark, lost,
nest, fire, fairy, owl's hoot, toadstool,
tiger, timber) - say orchard, apples,
apple pie - say fig tree - say fig leaf
- say NUTS! - say house - say
city - say anything - but
say PEOPLE!

Identification of leaf with tree (1962)

알도 반 에이크 "나무는 잎이며 잎은 나무다."

봉정사 영산암

안드레아 팔라디오의 로툰다 주택

예일대학교 아트갤러리

루이스 칸의 엑서터 도서관

산 카를로 알레 콰트로 폰타네 성당

부분과 전체

건축강의 8: 부분과 전체

2018년 3월 5일 초판 발행 ⭘ 2019년 3월 4일 2쇄 발행 ⭘ **지은이** 김광현 ⭘ **펴낸이** 김옥철 ⭘ **주간** 문지숙
책임편집 최은영 ⭘ **편집** 우하경 오혜진 이영주 ⭘ **디자인** 박하얀 ⭘ **디자인 도움** 남수빈 박민수 심현정
진행 도움 건축의장연구실 김진원 성나연 장혜림 ⭘ **커뮤니케이션** 이지은 박지선 ⭘ **영업관리** 강소현
인쇄·제책 한영문화사 ⭘ **펴낸곳** (주)안그라픽스 우 10881 경기도 파주시 회동길 125-15
전화 031.955.7766(편집) 031.955.7755(고객서비스) ⭘ **팩스** 031.955.7744 ⭘ **이메일** agdesign@ag.co.kr
웹사이트 www.agbook.co.kr ⭘ **등록번호** 제2-236(1975.7.7)

이 책의 국립중앙도서관 출판예정도서목록(CIP)은 서지정보유통지원시스템 홈페이지(seoji.nl.go.kr)와
국가자료공동목록시스템(nl.go.kr/kolisnet)에서 이용하실 수 있습니다.
CIP제어번호: CIP2018004238

ISBN 978.89.7059.945.8 (94540)
ISBN 978.89.7059.937.3 (세트) (94540)

부분과 전체

김광현

건축강의 8

안그라픽스

일러두기

1 단행본은 『』, 논문이나 논설·기고문·기사문·단편은 「」, 잡지와 신문은 《》, 예술 작품이나 강연·노래·공연·전시회명은 〈〉로 엮었다.
2 인명과 지명을 비롯한 고유명사와 건축 전문 용어 등의 외국어 표기는 국립국어원 외래어표기법에 따라 표기했으며, 관례로 굳어진 것은 예외로 두었다.
3 원어는 처음 나올 때만 병기하되, 필요에 따라 예외를 두었다.
4 본문에 나오는 인용문은 최대한 원문을 살려 게재하되, 출판사 편집 규정에 따라 일부 수정했다.
5 책 앞부분에 모아 수록한 이미지는 해당하는 본문에 •으로 표시했다.

건축강의를 시작하며

이 열 권의 '건축강의'는 건축을 전공으로 공부하는 학생, 건축을 일생의 작업으로 여기고 일하는 건축가 그리고 건축이론과 건축의장을 학생에게 가르치는 이들이 좋은 건축에 대해 폭넓고 깊게 생각할 수 있게 되기를 바라며 썼습니다.

좋은 건축이란 누구나 다가갈 수 있고 그 안에서 생활의 진정성을 찾을 수 있습니다. 좋은 건축은 언제나 인간의 근본에서 출발하며 인간의 지속하는 가치를 알고 이 땅에 지어집니다. 명작이 아닌 평범한 건물도 얼마든지 좋은 건축이 될 수 있습니다. 그렇지 않다면 우리 곁에 그렇게 많은 건축물이 있을 필요가 없을 테니까요. 건축설계는 수많은 질문을 하는 창조적 작업입니다. 그릴 뿐만 아니라 말하고, 쓰고, 설득하고, 기술을 도입하며, 법을 따르고, 사람의 신체에 정감을 주도록 예측하는 작업입니다. 설계에 사용하는 트레이싱 페이퍼는 절반이 불투명하고 절반이 투명합니다. 반쯤은 이전 것을 받아들이고 다른 반은 새것으로 고치라는 뜻입니다. '건축의장'은 건축설계의 이러한 과정을 이끌고 사고하며 탐구하는 중심 분야입니다. 건축이 성립하는 조건, 건축을 만드는 사람과 건축 안에 사는 사람의 생각, 인간에 근거를 둔 다양한 설계의 조건을 탐구합니다.

건축학과에서는 많은 과목을 가르치지만 교과서 없이 가르치고 배우는 과목이 하나 있습니다. 바로 '건축의장'이라는 과목입니다. 건축을 공부하기 시작하여 대학에서 가르치는 40년 동안 신기하게도 건축의장이라는 과목에는 사고의 전반을 체계화한 교과서가 없었습니다. 왜 그럴까요?

건축에는 구조나 공간 또는 기능을 따지는 합리적인 측면도 있지만, 정서적이며 비합리적인 측면도 함께 있습니다. 집은 사람이 그 안에서 살아가는 곳이기 때문입니다. 게다가 집은 혼자 사는 곳이 아닙니다. 다른 사람들과 함께 말하고 배우고 일하며 모여 사는 곳입니다. 건축을 잘 파악했다고 생각했지만 사실은 아주 복잡한 이유가 이 때문입니다. 집을 짓는 데에는 건물을 짓고자 하는 사람, 건물을 구상하는 사람, 실제로 짓는 사람, 그 안에 사는 사람 등이 있습니다. 같은 집인데도 이들의 생각과 입장은 제각기 다릅니다.

건축은 시간이 지남에 따라 점점 관심을 두어야 지식이 쌓이고, 갈수록 공부할 것이 늘어납니다. 오늘의 건축과 고대 이집트 건축 그리고 우리의 옛집과 마을이 주는 가치가 지층처럼 함께 쌓여 있습니다. 이렇게 건축은 방대한 지식과 견해와 판단으로 둘러싸여 있어 제한된 강의 시간에 체계적으로 다루기 어렵습니다.

그런데 건축이론 또는 건축의장 교육이 체계적이지 못한 이유는 따로 있습니다. 독창성이라는 이름으로 건축을 자유로이 가르치고 가볍게 배우려는 태도 때문입니다. 이것은 건축을 단편적인 지식, 개인적인 견해, 공허한 논의, 주관적인 판단, 단순한 예측 그리고 종종 현실과는 무관한 사변으로 바라보는 잘못된 풍토를 만듭니다. 이런 이유 때문에 우리는 건축을 깊이 가르치고 배우지 못하고 있습니다.

'건축강의'의 바탕이 된 자료는 1998년부터 2000년까지 3년 동안 15회에 걸쳐 《이상건축》에 연재한 「건축의 기초개념」입니다. 건축을 둘러싼 조건이 아무리 변해도 건축에는 변하지 않는 본질이 있다고 여기고, 이를 건축가 루이스 칸의 사고를 따라 확인하고자 했습니다. 이 책에서 칸을 많이 언급하는 것은 이 때문입니다. 이 자료로 오랫동안 건축의장을 강의했으나 해를 거듭할수록 내용과 분량에서 부족함을 느끼며 완성을 미루어왔습니다. 그러다가 이제야 비로소 이 책들로 정리하게 되었습니다.

'건축강의'는 서른여섯 개의 장으로 건축의장, 건축이론, 건축설계의 주제를 망라하고자 했습니다. 그리고 건축을 설계할 때의 순서를 고려하여 열 권으로 나누었습니다. 대학 강의 내용에 따라 교과서로 선택하여 사용하거나, 대학원 수업이나 세미나 주제에 맞게 골라 읽기를 기대하기 때문입니다. 본의 아니게 또 다른 『건축십서』가 되었습니다.

1권 『건축이라는 가능성』은 건축설계를 할 때 사전에 갖추고 있어야 할 근본적인 입장과 함께 공동성과 시설을 다룹니다.

건축은 공동체의 희망과 기억에서 성립하는 존재이며, 물적인 존재인 동시에 시설의 의미를 되묻는 일에서 시작하기 때문입니다.

2권 『세우는 자, 생각하는 자』는 건축가에 관한 것입니다. 건축가 스스로 갖추어야 할 이론이란 무엇이며 왜 필요한지, 건축가라는 직능이 과연 무엇인지를 묻고 건축가의 가장 큰 과제인 빌딩 타입을 어떻게 숙고해야 하는지를 밝히고자 했습니다.

3권 『거주하는 장소』에서는 건축은 땅에 의지하여 장소를 만들고 장소의 특성을 시각화하므로, 건축물이 서는 땅인 장소와 그곳에서 거주하는 의미를 살펴봅니다. 그리고 장소와 거주를 공동체가 요구하는 공간으로 바라보고, 이를 사람들의 행위와 프로그램으로 해석하였습니다.

4권 『에워싸는 공간』은 건축 공간의 세계 속에서 인간이 정주하는 방식을 고민합니다. 내부와 외부, 인간을 둘러싸는 공간 등과 함께 근대와 현대의 건축 공간, 정보와 건축 공간 등 점차 다양하게 확대되는 건축 공간을 기술하고 있습니다.

5권 『말하는 형태와 빛』에서는 물적 결합 형식인 형태와 함께 형식, 양식, 유형, 의미, 재현, 은유, 상징, 장식 등과 같은 논쟁적인 주제를 공부합니다. 이는 방의 집합과 구성의 문제로 확장됩니다. 또한 건축에 생명을 주는 빛의 존재 형식을 탐구합니다.

6권 『지각하는 신체』는 건축이론의 출발점인 신체에 관해 살펴봅니다. 또 현상으로 지각되는 건축물의 물질과 표면은 어떤 것이며, 시선이 공간과 어떤 관계를 맺는지 공간 속의 신체 운동과 경험을 설명합니다.

7권 『질서의 가능성』은 질서의 산물인 건축물을 이루는 요소의 의미를 생각하고, 물질이 이어지고 쌓이는 구축 방식과 과정을 살펴봅니다. 그리고 건축의 기본 언어인 다양한 기하학의 역할을 분석합니다.

8권 『부분과 전체』는 건축이 수많은 재료, 요소, 부재, 단위 등으로 지어질 수밖에 없는 점에 주목해 부분과 전체의 관계로 논의합니다. 그리고 고전, 근대, 현대 건축에 이르는 설계 방식을 부분에서 전체로, 전체에서 부분으로 상세하게 해석합니다.

9권 『시간의 기술』은 건축을 시간의 지속, 재생, 기억으로 해석합니다. 그리고 속도로 좌우되는 현대도시에 대응하는 지속 가능한 사회의 건축을 살펴봅니다. 이와 함께 건축을 진보시키면서 건축의 표현을 바꾼 기술의 다양한 측면을 정리합니다.

10권 『도시와 풍경』은 건축이 도시를 적극적으로 만든다는 관점에서 건축과 도시의 관계를 해석합니다. 그리고 건축에 대하여 이율배반적이면서 상보적인 배경인 자연을 통해 새로운 건축의 가능성을 찾고, 건축과 자연 사이에서 성립하는 풍경의 건축을 다룹니다.

이 열 권의 책은 오랫동안 나의 건축의장 강의를 들어준 서울대학교 건축학과 학부생과 대학원생 그리고 나와 함께 건축을 연구하고 토론해준 건축의장연구실의 모든 제자가 있었기에 가능했습니다. 더욱이 이 많은 내용을 담은 책이 출판되도록 세심하게 내용을 검토하고 애정을 다해 가꾸어주신 안그라픽스 출판부는 이 책의 가장 큰 협조자였습니다. 큰 감사를 드립니다.

2018년 2월 관악 캠퍼스에서

김광현

서문

"주택은 도시이고 도시는 주택"이라고 한다. 주택은 작은 도시이고 도시는 작은 주택이라는 뜻이다. 어떻게 작은 주택이 큰 도시가 될 수 있고, 큰 도시가 작은 주택이 될 수 있을까? 이 말은 주택이 모여 도시가 된다는 뜻도 되고, 주택 안에는 도시적인 양상이 들어올 수 있다는 뜻이기도 하다. "신은 디테일 안에 있다."라고도 한다. 어떻게 무한한 신이 세부 속에 있을 수 있다는 것일까? 건축에서는 부분과 전체를 이렇게 생각하며 새로운 건축을 찾아간다.

부분과 전체라고 하니 철학적 문제를 무리하게 건축으로 연결하는 것은 아닌가 여길지 모르겠다. 그러나 부분과 전체는 철학에서만 생각하는 과제가 아니다. 오히려 건축을 공부하면서 부분과 전체의 관계가 과연 어떤지 구체적으로 알 수 있다. 또한 부분이 어떤 요구를 하고 있는가 판단하여 이를 공간과 장소로 바꾸는 것이 건축가의 역할이다. 그러니 건축을 공부하는 사람은 처음부터 부분과 전체에 대한 사고를 충분히 하고, 이를 자신이 설계하는 건축물로 번역할 수 있어야 한다.

건축을 하며 가장 흥미로운 일은 '부분'에 대한 독특한 관심이다. 다른 공학에서는 부분이 사물의 목적을 위해 기능하지만, 건축에서 '부분'은 작지만 고유한 성질이 있고, 아래에 속하지만 옆으로는 다른 부분을 만나며, 위로는 더 큰 전체를 이루는 살아 있는 영역이다. 부분이 살아 있으므로 그것이 연결되는 질서도 느슨하고 틈이 있다. 또한 주어진 전체가 아니라 전체를 만들며 찾아가는 즐거움이 있다.

건축에서는 건물의 요구 조건도, 물질도, 사람도, 방도, 복도도, 구조의 부재도, 심지어는 그렇게 지어진 건물 자체도 모두 '부분'이다. 부분이 모여 디테일이 되고 구축도 되며 공동체를 이루고 도시를 이룬다. 이와 같이 건축에는 부분과 전체로 생각해야 할 것이 정말 많다. 건축가의 독창적인 사고는 이처럼 부분에서 전체로, 전체에서 부분으로 다양하게 전개되는 바를 어떻게 새롭게 해석하는가에 달려 있다.

저 옛날 고전건축은 부분을 모아 전체를 만드는 이성적인 방법으로 비례를 생각해냈다. 그러나 이 비례는 오늘날에는 별로 유효하지 않다. 부분과 전체에 대한 현대 사회의 태도가 크게 달라졌고, 이와 함께 건축도 다른 대안을 보여주고 있다. 그래서 부분과 전체가 오늘날 어떤 관계를 요구하는지, 또 그것을 건축으로 어떻게 새롭게 해석해야 하는지가 건축가의 흥미로운 과제다.

부분이라도 아파트처럼 전체 속에 종속되는 부분도 있고, 산촌처럼 따로 떨어져 있는 부분도 있으며, 함께 있기는 하지만 서로 등등함을 주장하는 부분도 있다. 학교의 학생과 교회의 신자가 모이고 흩어지는 방식도 같을 수 없다. 그런가 하면 모이고 흩어지는 지하철의 군중은 전혀 다른 부분과 전체의 향상을 보여준다. 게다가 건축가란 언제 어떤 유형의 건물을 설계하게 될지 모르니, 평소에 주관을 가지고 부분과 전체에 대한 다양한 관심을 지속적으로 유지하는 것만이 이런 과제에 좋은 답을 내는 길이다.

이 책 『부분과 전체』에서는 건축에서 부분과 전체는 이래야 한다고 주장하지는 않는다. 그 대신 오래전부터 내려온 생각, 시간이 지나도 늘 언급되는 주장들, 부분과 전체를 둘러싼 현대적인 논점을 폭넓게 다루고자 했다. 그만큼 논리적인 이해가 요구된다. 그러다 보니 이 광범위한 내용을 한번에 읽어 내려가기가 어렵게 느껴질 것이다. 그럴수록 사람들이 많이 찾는 일상의 건물들을 보며 다양한 부분과 전체의 관계를 이 책과 함께 해석하고 판단하면서 이에 대한 자신의 대안을 생각해낸다면, 그 또한 부분과 전체에 대한 아주 좋은 공부가 될 것이다.

1장 건축의 부분과 전체

2장 전체에서 부분으로

3장 부분에서 전체로

1장

건축의 부분과 전체

이 세상에는 완벽한 질서도 없고 완벽한
혼돈도 없다. 건축은 이 세상의 다른 것 못지
않게 언제나 질서와 무질서 사이에 있다.

건축과 질서

사물의 바른 순서

질서와 무질서 사이

질서란 사물의 바른 순서다. 미학에서는 질서를 미의 중요한 요소로 보고 있다. 그런가 하면 질서는 혼돈의 반대말이기도 하다. 질서를 뜻하는 말에는 '코스모스cosmos'도 있고 '오더order'도 있다. 코스모스는 인간 환경의 질서인 우주를 나타낸다. 그런데 오더는 배열과 순서를 나타내는 구체성을 뜻하므로 건축에서 질서는 오더를 말한다.

질서는 '조화harmony'로 달리 표현된다. 조화란 전체가 서로 모순되거나 충돌함이 없이 통합되어 있는 것이다. 그리스어 '하르모니아harmonia'란 원래 목수가 일을 할 때 부재의 각 부분이 서로 잘 맞게 접합한다는 뜻이었다. 이것이 일치, 협력, 화합을 비유하게 되었다. 특히 음악의 조화는 철학에도 적용되어 우주의 질서까지 논하는 바탕이 되었다.

도시와 건축은 무언가로 조화하고 질서로 이루어진다. 우리는 흔히 도시를 두고 무수한 건물과 도로 등이 조화롭지 못하고 무질서하다고 쉽게 비판하지만, 도시와 건축이 그야말로 조화로운 데가 하나도 없고 무질서하다면 사람은 그 안에서 살 수 없어야 한다. 그 안에서 완벽하지는 못할지라도 행복을 느끼고 또 내일을 향해 살아갈 수 있는 건 건축과 도시가 조화롭고 질서를 갖추고 있기 때문이다.

도시와 건축을 두고 보면 질서란 절대적으로 완벽한 것만을 의미하지 않는다. 질서가 완벽한 것이라면, 이것은 그 정반대인 무질서disorder와 혼돈chaos에 대한 것이어야 한다. 그렇지만 이 세상에는 완벽한 질서도 없고 완벽한 혼돈도 없다. 하물며 우리 몸에 꼭 맞는 것도 아니고 내가 하고 싶은 대로 완벽하게 응해 주지도 않는 구조물인 건축은 이 세상의 다른 것 못지 않게 언제나 질서와 무질서 사이에 있다.

건축은 기계가 아니다. 때문에 기계의 질서와 건축의 질서는 같지 않다. 건축에서 부분이 모여 있는 상태를 질서라 함은 그 부분들의 일관성coherence이 어느 정도인가에 따라 판단한다. 이 일관성이란 부분들이 얼마나 함께 모여 군群, group을 이루는가에 달려 있다. 같은 것이 반복될 때, 비슷하게 닮았을 때, 가깝게 놓여 있을 때, 모두 함께 무언가로 에워싸여 있을 때, 대칭일 때, 방향을 함께하고 있을 때 군은 강하게 느껴진다. 이것은 건축에도 그대로 적용된다. 전체적으로 집과 벽과 창 등의 여러 부분이 반복되고 닮아 있고 가깝게 있으며 무언가로 에워싸여 있을 때 사물이 바른 순서로 모여 있다고 여기게 된다.

어떤 물체의 표면에 비슷한 모양의 부분이 수없이 많이 있고 또한 그것끼리의 거리가 충분히 가까우면 이 부분들은 따로따로 보이지 않는다. 이렇게 해서 느끼는 것이 텍스처texture다. 이런 텍스처에는 두 가지가 있다.[1] 하나는 숲이나 길에 깔린 자갈 같은 것이다. 자갈은 길에 임의로 깔려 있다. 이런 것을 흔히 '랜덤random 하다.'라고 한다. 이처럼 건물들이 임의로 놓여 있는 듯이 보이지만 다른 한편으로는 함께 있는 상태인 클러스터cluster도 랜덤한 상태의 한 종류다. 다른 하나는 이런 군群에 거미줄과 같은 망이 겹쳐 있는 경우다. 수많은 주택이 길로 나뉘어 있는 듯한 모습이 이에 해당한다. 이 두 경우의 차이는 사실 그리 크지 않다. 망처럼 조금 더 강하게 묶는 힘이 없으면 랜덤하다고 하고, 그런 힘이 있으면 무언가로 조직되어 있다고 여긴다. 곧 질서가 아니면 무질서가 아니라, 완벽한 질서도 아니고 완벽한 무질서는 더더욱 아닌 그 중간에 있는 것이 건축과 도시다.

건축을 이루는 부분이 무작위로 모여 있을 때 이를 적당히 표현할 말이 없어 '랜덤하다'고 하고, 이것이 무질서를 대표하는 표현인듯 말한다. 그러나 '랜덤하다'는 닥치는 대로, 임의로, 마구잡이로 있는 무질서한 것이 아니다. '랜덤함'은 최소의 질서를 가진 상태를 나타내는, 엄연한 질서의 한 가지 이름이다. 이 세상에 있는 아름다운 마을은 대부분 '랜덤하게' 흩어진 형태다.

건축가 마르쿠스 비트루비우스 폴리오Marcus Vitruvius Pollio는 아주 오래전 부재를 이루는 부분과 전체의 관계를 규정하는 것에 대해 말했다. 오늘날 건축하는 사람들은 이와 같은 그의 말이 먼 옛날에나 있던 질서 의식 때문이지, 오늘날에는 적용되지 않는다고 가볍게 여긴다. 그러나 과연 그럴까? 옛날의 질서와 오늘날의 질서가 따로 있을까? 오래전의 은행나무의 질서와 오늘날의 은행나무의 질서가 전혀 관계 없고 다른 것일까? 그렇지 않다. 질서는 그런 것이 아니다.

그래서 우리에게 비트루비우스보다 가까운 르 코르뷔지에Le Corbusir와 같은 근대 건축가도 건축의 근거를 질서로 말한다. "건축을 만드는 것은 질서를 넣는 일이다. 무엇에 질서를 넣는가? 기능과 대상"[2]이다. 코르뷔지에도 지나간 사람이니 21세기의 질서와 다른 것을 말한다고 부정할지도 모르겠다. 질서란 하나는 진보하고 다른 하나가 폐기되는 것이 아니다. 적어도 건축에서 질서는 그런 것이 아니다.

근대건축의 질서는 1960년대에 비판받았다. 미국 건축가 로버트 벤투리Robert Venturi의 『건축의 복합과 대립Complexity and Contradiction in Architecture』이 대표적이다. 그러나 그는 질서를 부정하지 않았다. 그가 부정한 것은 순수한 질서였다. 그는 일관성이 결여되어 있고 불규칙하게 보이는 복합과 대립이라는 부분의 질서를 다른 각도에서 바라보고 건축에서 질서의 의미와 범위를 확장했다. 그는 『라스베이거스에서 배우는 것Learning from Las Vegas』에서도 혼돈된 것에 지나지 않는 것이라며 놓치고 있던 도시 경관을 현대건축과 도시의 질서로 다시 발견해 보였다. 이러한 점에서도 질서는 계속 유지되고 있다.

1960년대부터는 오히려 무질서라고 여기던 것에 관심을 두기 시작했다. 미셸 푸코Michel Foucault나 앙리 르페브르Henri Lefebvre와 같은 사회학자의 논거는 무질서 속에 있는 또 다른 사회적, 경제적 관계를 다시 바라볼 수 있게 해주었다. 건축가들은 자신이 전개하는 설계의 과정을 보면 혼돈스럽고 모든 것을 포함하려 한다. 그런 건축가들은 한편으로는 강한 질서 또는 열린 질서를 추구하면서도, 다른 한편으로는 무질서나 혼돈Chaos을 일으키는 규칙에 대한 수학적, 공학적 해결책에도 많은 관심을 보인다. 왜 그럴까? 그것은 사회학자든 건축가든 시대마다 무엇을 질서로 보는가에 따라 차이가 있을 뿐, 어떤 것이든 여전히 질서라는 개념과 함께 논의되고 만들어진다는 점에서는 다르지 않기 때문이다.

"일반적이기도 하고 다면적인 가치를 가진 여러 가지 일관성, 곧 여러 가지 질서를 세우고 그 안에서 작업하는 것이 우리의 관심사다." 건축가 톰 메인Thom Mayne의 말처럼 가치는 일반적이기도 하고 다면적이기도 하며, 일관성도 여러 가지 일관성이고, 질서도 여러 가지 질서다. 만일 건축이 정말로 질서를 만들지 않는다면, 우리는 건축을 할 필요가 전혀 없을 것이다.

그런데도 질서에 대한 건축가의 태도는 대략 이중적이다. 오늘날의 문화가 복잡하기 때문이다. 건축사 교수 에이드리언 포티Adrian Forty도 지적했듯이, 이런 문화 속에서 건축가가 "나는 이러한 질서를 세우며 설계하고 있소." 하고 질서의 중요성을 명백하게 말한다는 것은 일단은 자신에게 불리한 일이다. 차라리 질서의 문제에 침묵한 채로 있는 것이 유리하다고 여기기 쉽다.

건축의 질서 네 가지

포티는 건축의 질서를 네 가지로 분류하며 이해했다.[3] 부분과 전체의 관계를 통해 아름다움을 얻는 것, 사회의 계급질서을 나타내는 것, 건축이 사회 질서의 모델을 사용하여 혼돈에서 벗어나는 것, 도시가 무질서가 되는 내적인 경향에 저항하기 위한 것이다.

첫째로 예술작품은 부분과 전체의 관계를 통해 아름다움을 얻으려고 한다. 예술작품에서 전체성wholeness이란 부분의 집적으로 전체를 형성하는 구조를 갖는 것이다. 작품에 표현되는 여러 부분이 단순히 집합하는 것이 아니라 전체와의 분명한 관계를 가진 통일체가 되는 것이 예술적 상태다.

그런데 건축에서는 오래전부터 이런 부분과 전체의 관계성을 강조해왔다. 고전건축에서 전체는 부분보다 우월하며, 부분은 제각기 하나의 전체를 형성한다. 건축에서 가장 강력한 전체성은 부분의 비례로서 전체를 완성하는 것인데, 이것은 이미 비트루비우스의 건축이론에서 나왔다. 전체가 부분의 비례 관계로 통제받는다는 것은 그 말이 그 말 같고 무미건조하게 들릴지 모르지만, 이것은 건축 안에 내적인 법칙이 있음을 인정한 것이었다.

그런데 바로 이 생각이 고대 그리스 사고의 근원이었다. 고대 그리스인은 자연이나 인간 세계에 있는 모든 사물을 '질서taxis'의 원리로 이해하고자 했다. 이 '질서'는 건축의 보편적인 가치, 진실한 것, 진정성에 근거하여 아름다움을 표현하고자 한 그 시대의 원리였다. 질서를 이루는 것에만 조화가 있으며 미美와 선善은 이런 조화에서 나온다고 보았다.

세계가 완결되고 완전하니 전체 세계 안에 존재하고, 또 다른 세계를 만드는 건축은 모순이 있어서는 안 되고 완전해야 했다. 그러기 위해서는 부분들이 질서 있게 배열되어야 한다. 그런데 건축은 말과 그림이 아니다. 그것은 크기를 가진 물질을 구사하여 실제로 지어져야 하는 구조물이다. 아리스토텔레스는 "생물이든 몇 개의 부분으로 이루어진 어떤 것이든 아름다운 것은 그 부분들을 질서 정연하게 배열해야 한다는 것만이 아니라, 그 크기도 임의의 것이어서는 안 된다. 미美란 크기와 질서에 있기 때문이다."라고 말했다. 따라서 건축은 이 '질서'를 이성에 따라, 수학과 기하학을 통해 구현된 물질로 얻어진다.

이제까지 건축에서 질서라고 하면 굵직한 개념이 함께 등장했다. 그것은 정신, 수학, 자연이었다. 그리고 그것에서 파생하여 결정結晶과 광물의 조성, 동식물의 성장 패턴 등도 함께 등장했다. 그러나 20세기 후반부터는 지각심리학이나 인간의 지각 연구로 바뀌어갔다.

둘째로 건축에서 질서란 건축물의 요소를 규칙에 따라 배열하는 것만이 아니다. 집의 구조는 의례儀禮나 예의禮儀와 같이 공동체 안에 질서를 준다. 이 질서는 다른 말로 사회계급의 서열에 관한 것이기도 했다. 건축은 사람이 살아가는 공동체에 질서를 주는 것이다.

이런 사회적인 위계를 지키는 개념 중 오래된 것이 '데코룸decorum'이다. 이는 어울림이나 적격適格, 정황에 알맞게 처신하는 것, 예절과 같은 뜻이었다. 때문에 데코룸은 건축주의 지위에 맞는 건축 장식의 형식이었다. 비트루비우스의 『건축십서De Architectura』 제6서 5장에서는 '데코룸'을 '데코르decor'라는 이름으로 "건물을 건축주의 지위라는 관점에서 계획하면…… 전혀 비난받지 않게 될 것이다."라고 설명했다. '데코르'는 규범이나 오랫동안 관습적으로 연상해오던 것 또는 방에 비치는 태양의 각도와 같은 위치 지정과 관련된 것이었다. 1624년 영국의 시인이자 외교관인 헨리 워턴Henry Wotton은 "사람마다 어울리는 대저택이나 주택은 그 집 주인의 지위에 따라 단정하고 유쾌하게 장식될 가치가 있다."[4]고 했다. 장식이라는 뜻의 '데코레이션decoration'과 '데코룸'의 '데코르'가 비슷한 말인 것은 이 때문이다.

이것은 사소하게 여기는 장식이 사회계급을 만들고 공동체에 질서를 주는 방식으로 건축하게 해주었다는 뜻이다. 특히 데코룸은 16세기 주택 건축에서 많이 나타났다. 이 당시에는 가진 자가 사치스럽게 집을 지어야 할 의무가 있었다. 반대로 사회적 지위가 낮은 이들이 상류계급을 모방하여 화려한 건축을 지으면 계급의 차이를 무시하고 사회적인 위계를 위협한다고 여겼다. 그러나 프랑스혁명 이후에는 데코르에 대한 이런 생각이 사회계급을 지키는 데 도움이 안 된다고 여겨 쇠퇴했다. 부르주아를 위한 작은 주택이 귀족의 대저택 양식으로 지어지자 데코룸의 의미는 사라졌다. 그러나 바꾸어 생각하면 데코룸은 계속되고 있었다는 뜻이다. 20세기에도 데코룸은 또 다른 형태로 계속 남아 있었다.

셋째로 질서는 건축을 사회적 질서의 모델 또는 수단으로 사용하여 혼돈된 상태를 극복한다. 철학자 제러미 벤담Jeremy Bentham이 '시선'을 교차시켜 감시하고 감시당하는 장치로 고안한 파놉티콘Panopticon은 교도소나 병원 등에 있는 혼돈을 질서 있는 것으로 만들었다. 이것은 정치적으로 혼돈되어 있을 때 위대한 건축으로 질서의 감각을 심는다는 생각으로 이어졌다. 아돌프 히틀러Adolf Hitler가 도시 재건이라는 이름으로 제3제국의 권력을 상징하고자 한 욕망도, 실은 혼돈된 세계를 자신이 구상하는 건축물의 질서처럼 고치겠다는 의도였다. 이것은 꼭 독재국가 같은 곳에서만 나타나는 것이 아니다. 사회적인 문제가 있을 때 이를 건축물로 해결하려는 경우를 많이 본다. 건축의 질서를 사회의 혼돈을 교정하는 수단으로 여긴다는 뜻이다.

넷째로 도시가 생긴 이래로 계속 무질서하다는 불만이 있었다. 그런데 건축은 이런 무질서를 교정할 수 있다고 본다. 르네상스 이후 파리를 개조한 조르주외젠 오스만Georges-Eugène Haussmann에 이르기까지, 건물, 길, 광장은 도시에 규칙적으로 잘 배열되어야 한다고 보았다. 이런 사고의 연장선상에 있었던 1920년대의 근대 건축가들에게 질서는 그야말로 강한 개념이었다. 코르뷔지에도 『프레시종Precisons』에서 질서는 구성과 기능을 다 포함하는 개념이라고 했다. 1950년대의 스미슨 부부Alison and Peter Smithson도 자기들은 디자인을 하는designing 사람들이 아니라 질서를 주는 ordering 사람들이라고 말했다. 미스 반 데어 로에Mies van der Rohe 역시 질서야말로 가장 중요한 개념의 하나이며, 질서에 입각하여 만들어진 건축은 도시의 혼돈을 치유할 수 있다고 생각했다.

생활의 질서, 작은 질서

생명과 생활의 질서

질서는 우주에도 있고 음악에도 있으며, 철학과 미학에서 모두 중요하게 여기는 개념이다. 그런데 앞에서 질서와 '조화'의 이미지는 목수가 부재를 정확하게 맞추고 부재가 접합되는 모습에 있다고 했다. 그렇다면 우주와 음악, 철학과 미학에서 논의하는 질서와 조화의 출발은 다름 아닌 건축이 된다. 따라서 이것은 건축의 질서를 생각하는 데 아주 중요한 단서가 된다. 건축에서 질서란 우주의 질서, 자연의 조화처럼 저 먼 곳에서 배운 것이 아니다. 반대로 우주의 질서, 자연의 조화란 부분을 합해서 전체를 만드는 건축 안에서 그 구체적인 이미지를 얻을 수 있었다는 말이다.

나의 생명과 생활에 질서가 없다는 것은 자신의 생명이 끝났다는 뜻이다. 건축물은 사람들의 생활을 지탱하기 위해 짓는다. 따라서 건축물에서 부분과 전체의 질서에 대한 개념은 생명이나 생활을 받쳐주고 있는 질서와 동일한 것이지, 우주의 질서, 음악의 질서, 철학과 미학의 질서를 실현하고자 건축물을 짓는 것이 아니다. 그러므로 건축에서 질서란 무엇인가, 과연 건축에 질서가 무슨 의미가 있는가, 질서란 우리를 억압하는 것이고, 사고를 경직하게 만드는 것이 아닌가 하고 쉽게 생각한다면, 그는 건축을 전문으로 하는 사람이 못 된다.

인디언의 연설문 중에서 가장 유명하고 널리 인용되는 것이 시애틀 추장의 1854년 연설문이다. 이 연설문은 미국 대통령에게 쓴 편지다. 그는 "위대하고 훌륭한 백인 추장"이 "우리의 땅을 사고 싶다고 제의했다"면서 이렇게 대답한다고 말했다. "우리는 우리의 땅을 사겠다는 당신들의 제안에 대해 심사숙고할 것이다. 하지만 나의 부족은 물을 것이다. 얼굴이 흰 추장이 사고자 하는 것이 무엇인가를. 그것은 우리로서는 힘든 일이다. 우리가 어떻게 공기를 사고팔 수 있단 말인가? 대지의 따뜻함을 어떻게 사고판단 말인가? 우리로서는 상상하기조차 어려운 일이다. 부드러운 공기와 재잘거리는 시냇물을 우리가 어떻게 소유할 수 있으며, 또한 소유도 하지 않은 것을 어떻게 사고팔 수 있단 말인가?"[5]

이런 말을 두고 아름답다고 말하지 않는다. 오히려 그들의 힘차고 우렁찬 삶의 자세에 놀라게 된다. 땅과 공기와 바람과 햇빛은 그들에게 생명과 생활의 질서였다. 그래서 그들이 사는 땅을 팔라는 것은 생명과 생활의 질서를 파는 것이 된다. 건축하는 사람이라면 질서를 이렇게 생각해야 하지 않을까?

종교학자 미르체아 엘리아데Mircea Eliade가 "건축가는 공간의 질서를 세우는 사람이다."라고 했을 때의 질서는 바로 이와 같은 생명과 생활의 질서를 말한다. 건축을 예술의 창조로 바라보면 이미 있는 것, 이미 나와 함께 있는 것을 부정하고 늘 새로운 것을 추구한다는 입장에 서면서, 질서란 새로운 것을 규제하고 이미 있는 것을 유지하기 위한 틀이라고 여기기 쉽다. 그러나 건축에서 생각하는 질서는 일상의 질서다. 어젯밤에 자고 아침에 일찍 일어났는데 자고 일어나보니 어제 잤던 나와 아침에 일어난 내가 같은 사람이 아니라고 생각하지 않는다. 마찬가지로 자고 일어나보니 어제 있었던 환경과 전혀 다르지 않다는 확신이 없다면 우리는 일상을 살아갈 수 없다.

건축에서 반드시 있어야 할 질서란 나에게 확실함을 주는 틀과 순서다. 고대 그리스 건축에서 중요하게 여긴 '조화'가 부재의 각 부분이 서로 잘 맞아떨어지는 것을 말했다면, 그것은 어느 누구에게나 생명과 생활의 각 부분에 존재하는 공통적인 확실함과 다르지 않을 것이다. "만일 새가 세계에 대한 신뢰를 본능적으로 가지고 있지 않다면, 새가 자기 둥지를 만들겠는가?" 프랑스 철학자 가스통 바슐라르Gaston Bachelard의 말도 결국은 이러한 구체적인 일상의 질서를 말한 것이다. 그러면 이렇게 바꾸어 말해야 한다. "만일 사람이 세계에 대한 질서를 본능적으로 신뢰하지 못한다면, 사람은 과연 자기 집을 만들려 하겠는가?"라고.

여기에만 있는 작은 질서

"건축가는 공간의 질서를 세우는 사람이다."라는 엘리아데의 말은 "건축은 공간의 질서를 세우는 것"이라는 뜻이다. 그런데 일반적으로 질서라고 하면 무언가 구속하고 억제한다는 뉘앙스 때문에, 건축에서도 질서의 개념을 깊이 생각하지 않는다.

이제까지 건축물을 짓는다, 공간의 질서를 세운다고 하면서 건축을 추상적으로 이해하고 부분과 전체를 정확하게 배열하는 것을 이상으로 여겼다. 고전건축에서 최고의 가치인 질서가 그러했다. 인간이 세운 질서로 세계를 새롭게 바꾸겠다는 의지가 있으면 그만큼 질서를 거대하게 생각하게 된다. 근대건축은 세상을 바꾸는 의지를 실현하기 위해 '거대한 질서'를 전제로 삼았다. 그러나 이런 질서는 오늘의 현실과 그다지 상관이 없기 때문에 더욱 조화나 질서의 관념에 별다른 관심을 두지 않는다.

그러나 건축에서 질서란 그렇게 먼 곳에 있는 것이 아니다. 건축에서 질서란 여기에 있는 것이다. 새 주택에 이사하여 식탁을 놓고 의자를 마련하며 가지고 온 많은 물건을 이곳저곳에 정리하는 것도 아주 사소하게 보이지만 작은 질서이고 부분의 질서다. 가구를 설계하며 살게 될 이들의 생활방식을 정리하는 것도 소중한 질서의 감각이다. 건축가가 개인적으로 질서를 어떻게 해석하든, 집을 설계한다는 행위는 땅과 생활과 물건에 대하여, 여러 부재와 재료에 대하여 질서를 부여하는 것이다.

질서가 잘 잡혀 있다고 여기는 도시 안에도 자생적으로 만들어진 골목길이 무수히 있다. 그러나 막히다가도 열리는 복잡한 골목길은 무질서가 아니다. 골목길은 작은 부분들이 예기치 못하게 부딪히고 다시 이어지는 미묘한 질서를 경험하는 곳이다. 이 미묘한 질서는 혼돈과 무질서를 배격하는 완전한 질서로는 결코 만들어질 수 없다. 이것은 그때그때 그곳에만 있는 단서를 질서로 바꾸어놓은 것임에 주목해야 한다. 이 복잡하고 작은 부분의 질서는 근대건축이 추구하던 거대한 질서보다 못하지 않고, 오히려 이러한 경직된 질서를 넘어서는 토대가 된다.

건축에서 질서란 아름다움을 위해 완벽함만을 추구하는 것을 뜻하지 않으며, 따라서 혼돈이나 무질서를 정반대되는 것으로 이해하지 않는다. 현실의 땅에 짓는 구체적인 건축은 정확하게 배열되어 있지 않다. 시간이 걸려 작은 질서를 조금씩 발견하여 이것을 겹쳐간 것들이다. 건축은 생명과 생활의 질서를 세우는 것이지 인간이 세운 질서로 세계를 새롭게 바꾸는 도구가 아니다. 건축은 작은 질서를 발견하며 생명과 생활의 질서를 세운다. 공간의 생명과 생활의 질서는 새로운 정경을 이끌어낸다.

건축물은 그 자체가 무수한 부분으로 지어진다. 그 안에는 크고 작은 전체가 있다. 그만큼 건축은 크고 작은 질서 덩어리다. 건축은 사회적 관계 이외에도 물질과 공간에, 흐름과 지각에 질서를 준다. 그래서 건축에는 질서에 대한 사회적인 개념, 물질과 공간에 대한 개념, 흐름과 지각에 대한 개념 등 질서와 관련되는 말, 개념, 의미, 역할이 많다. 건축에서 새로운 질서를 찾는다는 것은 추상적인 것이 아니라, 사회적인 개념, 물질, 공간, 흐름, 지각 등을 구체적으로 인식하고 다시 구성하는 것을 말한다.

코스모스와 같은 거창한 질서가 아닌 작은 질서는 다른 곳에는 없고 여기에만 있는 것, 그 장소만이 가지고 있는 특별한 질서다. 작은 질서는 건물의 크기와 넓이와 프로그램에서도 발견된다. 또 작은 질서는 환경이나 대지, 행정적 요구와 관습, 가족이나 경제에서도 발견된다. 또한 작은 질서는 이웃에 대한 배려, 일조와 풍향과 통풍에서도 발견되어 설계의 결정적인 단서가 된다.

새로운 질서

발견하는 질서

일반적으로 질서라고 하면 사전에 질서규칙를 정하고 그것에 따라 건축을 만들어간다고 생각한다. 건축에서도 사전에 질서규칙를 설정하고 설계가 진행됨에 따라 그 질서를 바꾸어가는 방법이 있다고 믿었던 시대가 있었고, 그렇게 해서 명작을 남긴 건축가도 많았다. 그러나 사전의 질서를 마지막까지 계속 밀고 나가는 것에는 많은 위험이 따른다. 건축은 하나밖에 없는 진리를 찾는 학문이 아니며, 건축물은 이런 절대적인 진리를 알았다고 해서 그것으로 지어지는 것도 결코 아니다.

코르뷔지에나 미스가 그러했듯이 근대건축은 처음부터 전체를 규정하는 질서를 세우고자 했다. 근대의 도시계획은 주어진 도로로 땅을 크게 구획한 다음, 그 안에 작은 필지를 만들고 다시 그 안에 건물을 세우게 했으며, 또 건물은 같은 방법으로 그 안에 홀과 복도를 내고 다시 작은 방으로 쪼개졌다. 사전에 정해진 질서가 큰 것에서 작은 것에 이르기까지 반복해서 적용된 것이다.

이를 위해서 많은 근대 건축가는 질서가 될 근거를 기능에서 찾으려고 했다. 그러나 기능이 곧바로 형태를 구성하게 해준 것도 아니었다. 기능과 형태의 관계는 일률적으로 정해지지 않는다. 이론적으로는 거의 무한에 가깝다. 이러한 기능에 근거한다 해도 질서를 찾게 되기는커녕 실제로 건축가가 자의적으로 판단할 소지가 많다.

질서가 어떤 것인지 생각하는 것은 세상을 보는 눈을 갖기 위함이다. 질서는 아는 것이 아니라 발견하고 깨닫는 것이다. 만일 다른 분야라면 질서가 어떤 것인지가 그다지 중요하지 않을 수 있다. 그러나 건축물을 만든다는 것은 물질을 조합하여 구조화하고 주변의 여러 사물을 조정하는 것이다. 더구나 건축물은 내가 만들고 싶은 것을 만들면 되는 것이 아니라 사회적 산물이므로 사회와 관련된 질서가 개입한다.

모차르트는 번뜩이는 영감으로 단숨에 작곡을 완성할 수 있었다. 그러나 건축설계는 결코 그렇게 이루지지 않는다. 건축을 설계한다는 행위는 부분과 전체의 관계를 정하고, 이를 도면의 형태로 바꾸는 것이다. 그러나 설계는 번뜩이는 아이디어로 가장 마지막에 완성될 형태를 처음부터 알고 그것을 조금씩 세련되게 만드는 것이 아니다. 설계는 지금 여기에서 벌어지는 각 부분을 변형해가는 기술이며, 그 자체가 부분의 무한한 집적이다. 설계는 셀 수 없이 많은 판단과 결정 그리고 설득과 동의를 거쳐 시간 속에서 답을 얻는 과정이다.

건축설계는 전체를 처음부터 정한다고 부분이 해결되는 것도 아니고 부분의 발상이 뛰어나다고 해서 전체가 해결된다는 보장도 없다. 건축설계는 부분과 전체 사이를 왕복하는 행위다. 부분이 먼저 나타날 수도 있고 이보다 더 큰 전체가 먼저 나타날 수도 있다. 설계하는 과정만 보아도 부분과 전체의 위계는 없다. 이처럼 부분과 전체의 관계는 건축 전체를 묻는 중요한 물음이다.

이렇게 건축가에게 발상은 전체에서 부분으로, 부분에서 전체로 반복해서 연결된다. 설계라는 행위는 이와 같이 부분을 그리면서 전체와 연계해 구상하고, 전체를 구상하는 사이에도 스케일이 다른 여러 부분을 구상하는 것이 소중하다. 부분으로만 머물러 있는 부분, 부분과 아무런 관련이 없는 전체로는 좋은 건물을 만들어낼 수 없다.

건축설계는 건물 안에 사람이 살고 행동하도록 무언가 하나의 형태를 만드는 것이다. 그런데 그 '무언가 하나의 형태'가 문제다. 그 '무언가 하나의 형태'가 결정되기에는 많은 판단과 선택과 설득이 따른다. 그런데 이 많은 판단과 선택과 설득은 하나의 커다란 질서에서 나오는 것이 아니며, 그다음의 판단과 선택을 결정해주지도 않는다.

토목 구조물이나 기계에는 객관적으로 비교가 되는 수치가 있고, 그것의 최적해를 구할 수 있다. 최적해로 구한 구조물과 기계를 앞에 두고 왜 이런 질서를 세우고 만들었는지 아무도 묻지 않는다. 건축설계가 기계설계처럼 정확한 제품을 만들어내는 것이라면 설계도면을 시공자에게 넘기면 그것으로 끝이다. 그러나 건축설계와 시공 과정에는 수많은 변동의 요인이 있어서 설계의 연장으로 '감리'라는 행위가 뒤따른다.

물질적인 구조물이라는 점에서는 토목 구조물과 비슷한 데가 있다. 그런데 건축은 늘 질서를 의심한다. 왜 그런가? 그것은 건축에 인간이 개입하기 때문이다. 사람마다 생각이 다르고 시간에 따라 생각도 변한다. 사람은 부분과 부분을 이어가는 존재이지 이상적 질서를 세운다고 이를 따라갈 수 있는 존재도 아니어서 무어라 정확하게 규정할 수 없다. 때문에 사람이 개입된 건축은 확장된 질서를 따를 수 없다. 오히려 사람을 담기 때문에 건축은 모순된 근거를 다양하게 발견할 수 있다.

건축이란 단계마다 변수가 많다. 처음에는 무언가 확실하지는 않으나 전체를 움직일 수 있을 것 같은 사소한 것이 발상의 시작이 되고, 설계 과정에서 이미지를 더해가고 질서를 분명히 해가는 것이 건축설계에서 요구하는 질서에 대한 태도다. 건축설계만이 아니라 건물이 지어지는 과정에서도 수정 작업은 계속 이루어진다. 그래서 건축설계는 경우에 따라 변동이 많지만 이를 바꾸어 생각하면 그만큼 가능성이 발견될 수 있다는 것이 된다.

질서란 사물의 바른 순서라고 했는데, 여기에서 열거한 건축의 작은 질서에는 정해진 순서가 없다. 바른 순서가 되도록 작은 질서를 발견해가면 된다. 작은 질서는 새로 만들어지는 것이 아니며, 숨어 있는 것을 찾아내는 것에 있다. 그런데 이 작은 질서가 세계를 아주 조금씩 변화시킨다.

느슨한 질서

건축설계는 설계자의 발상에서 시작하지 않는다. 그 발상 이전에 여러 조건이 이미 주어져 있기 때문이다. 집을 세울 대지의 조건, 주변 환경, 땅에 있었을지도 모르는 어떤 전통, 건축주의 요구, 예산, 건물 안에서 이루어진 여러 흐름과 시스템, 그 안에서 일하고 움직이는 사람들의 예상되는 행위 등 참으로 다양한 조건에서 건축설계는 이미 시작된 것이다.

문제는 이런 수많은 조건이 서로 대립하고 모순된다는 데 있다. 좁은데 넓어야 하고, 작은데 커야 하며, 짧은데 길어야 하는 것이 건축설계 조건의 기본 성질이다. 그러나 이런 조건이 억제하는 요인인 것만은 아니다. 오히려 건축물의 가능성을 불러내는 여러 질서가 된다. 따라서 건축에서 질서는 하나가 아니고 여러 개가 합쳐진 것이다. 건축설계에는 사전에 주어진 지배적인 질서가 있지 않다. 반대로 이 조건을 만족하는 질서를 찾아가고 세워가는 것이 건축설계다. 건축설계는 시간의 경과에 따라 질서를 중첩시켜나가며 문제를 해결하는 알고리즘과 같다.

흔히 질서라고 하면 고정된 것, 완벽한 것, 이미 사전에 정해진 것으로만 이해하기 쉽다. 이것은 정해진 커다란 골격에서 시작하여 부분을 결정하는 강한 질서다. 그러나 이러한 강한 질서만 있는 것이 아니라 느슨한 질서도 있다. 질서에는 전체를 정하고 그 다음 단계에서 부분을 결정하는 질서도 있지만, 부분과 부분의 국소적이며 느슨한 관계로 전체를 형성하는 질서도 있다.

화학자 일리야 프리고진Ilya Prigogine의 책 『혼돈으로부터의 질서Order out of Chaos』에는 산일구조散逸構造와 카오스, 복잡계 등이 쓰여 있다. 산일구조란 '무너져 흐트러지는 구조'라는 뜻이다. 이것은 폐쇄적인 평형계의 질서와는 달리, 외계와 에너지나 물질을 끊임없이 교환하는 개방계에서 동적인 질서를 갖는 정상 상태가 만들어진다는 것이다. 작은 범위에서 파괴적 에너지가 요동치면 큰 범위에서는 오히려 질서를 형성한다는 원리다. 바꾸어 말하면, 꼭 도달해야 할 목표 지점에 일단 괄호를 치고 한 단계 한 단계 부분적으로 결정해가면, 그것에 대응하는 장場이 나타난다는 것이다. 따라서 주목할 것은 저쪽에 있는 목적지가 아니라 부분을 결정하는 방식이다.

해변을 날아다니는 철새는 제각기 산만하게 흩어져서 난다. 이때 수많은 새떼는 쉬지 않고 변하는 무언가의 도형을 만들어낸다. 그렇다고 그 새떼에 질서가 없는 것이 아니다. 그 안에는 느슨하고 모호한 질서가 분명히 존재하고 있다. 새 한 마리 한 마리는 전체의 질서를 이루려고 날지 않는다. 그러나 수백 마리 철새 집단은 질서를 유지하면서 이동하는데, 기묘하게도 전체적으로 엄청난 질서를 형성한다. 산일구조는 미시적으로는 무질서한데 거시적으로는 질서를 낳는 원리가 된다.

프리고진의 산일구조 이론은 자연과학뿐 아니라 건축의 질서에 대해서도 전혀 다른 시각을 갖게 했다. 세계의 질서를 탐구하는 자연과학이 큰 질서가 먼저 있는 것이 아니라 작은 질서가 계속 겹쳐 나타나며, 질서란 부분의 관계 안에서 생기는 것임을 증명해 보였다. 이러한 질서의 발견은 건축에서 바라보면 모더니즘과는 전혀 다른 태도다.

수학적으로 판단하면 같은 규칙에서 똑같은 결과가 나올 것이라고 생각하지만, 나무가 자라는 것을 관심 있게 보면 반드시 그렇지도 않다. 어떤 나무든 줄기에서 가지가 갈라져 나오고 다시 그 가지에서 또 다른 가지가 갈라져 나온다. 그러나 어떤 가지도 같은 것이 하나도 없다. 가지들은 제각기 주변 환경과의 관계에서 상대적인 관계를 찾아가며 자라난다. 자연은 엄격한 질서를 지키면서도 똑같지 않은 것을 무한히 생성한다. 이 나무는 반드시 이렇게 자라고 저 나무는 반드시 저렇게 자라야 한다는 법칙은 없다. 나무는 제각기 적절히 자기를 수정하면서 알아서 자란다.

정확하지는 않지만 스포츠와 건축의 규칙질서을 비교해보자. 스포츠는 경기하는 운동장이나 사용하는 기구에 정확한 규격이 있다. 또한 한정된 제한 속에서 그리 많지 않은 규칙이 적용된다. 바로 이 규칙이 건축에서 자주 언급되는 또 다른 그것들의 관계성이다. 이와 같은 동적인 관계성에 선수는 애쓰고 관중은 즐거워한다. 선수는 그 규칙질서 안에서 또 다른 자신의 규칙을 발견하려고 부단히 기량을 연마한다.

베트남 하노이에서 바닥에 그려진 어떤 배드민턴 코트를 본 적이 있다. 그런데 면적이 조금 부족했는지, 구석에 있는 나무 밑 벤치 위에 코트의 한 모퉁이가 그려져 있었다. 프로 선수는 이런 곳에서는 절대로 경기하지 않지만, 동네 주민과 동호회 회원들은 얼마든지 변칙적으로 그려진 이 코트에서 시합할 수 있다. 대지 면적이 운동의 규칙을 바꾼 것이다. 어쩌면 모자란 이 부분 때문에 경기의 규칙도 부분적으로 변경될지도 모른다. 동호회에 따라, 시합하는 연령대에 따라 경기 규칙은 얼마든지 변경될 수 있고 그것으로 즐거워할 수도 있을 것이다.

운동 코트와 규칙은 건축으로 말하자면 평면과 사용이다. 그런데 운동 코트는 매번 다른 선수가 단 한번만 시합하는 평면이지만, 건축의 평면은 거의 같은 사람이 매일매일 되풀이하며 시합하는 코트와 같다. 이처럼 두 가지는 비슷해 보여도 아주 다르다.

그런데 건축의 평면에서는 오차와 예외가 더 많이 일어난다. 건축 평면은 운동 코트에 비해 규칙이 별로 없을 것처럼 보이지만, 매일 같은 시간에 되풀이되는 일상 생활, 사무와 강의, 흐름과 분포로 운동 코트보다 훨씬 많은 규칙질서이 요구된다. 그리고 규칙도 더 많이 겹쳐 나타난다. 건축의 질서를 이렇게 생각하면 숨어 있는 규칙질서을 더 많이 발견하게 되고 이것으로 건축이 환경에 새로운 질서를 주게 될 것이다. 조건이 규칙질서을 바꾸고 새로운 질서를 발견할 수 있다. "건축가는 공간의 질서를 세우는 사람이다."라는 종교학자 엘리아데의 말은 종교적이지만은 않다. 이 말은 "건축가는 숨어 있는 공간의 질서를 발견하고 세우는 사람이다."로 해석될 때 계속 유효하다.

부분과 전체

전체와 부분의 합

'부분-전체' 논리

정밀한 나사 덕분에 로켓이 날아가는 것을 보면 나사가 있어서 로켓이 날아간다고 볼 수 있다. 반대로 로켓에 대한 전체 구상이 있기 때문에 그 나사가 생긴 것이라고도 볼 수 있다. 어느 것이 맞는 말일까? 전체를 파악하고 나서 사물이 이해되는 것일까, 아니면 전체는 이해하기 어려우니 나뉜 부분부터 이해해야 하는 것일까?

탱그램tangram은 직각이등변삼각형 다섯 개와 정사각형 한 개, 평행사변형 한 개인 모두 일곱 개의 조각을 이용하여 겹치지 않게 특정한 모양을 만드는 퍼즐 게임이다. 이것은 맞추기가 그리 쉽지 않아 여러 지혜를 짜야 비로소 맞출 수 있다 해서 '지혜놀이판'이라고도 한다. 그것은 놀이판의 일곱 개 조각부분의 특별한 형태가 조합하는 규칙을 제약하고 있다. 그렇다면 이 놀이는 부분이 정하는 것일까, 아니면 전체가 이미 정해져 있는 것일까? 나사와 로켓처럼 부분과 전체에 관한 질문이다.

'부분과 전체'는 건축만의 문제가 아니다. 그것은 철학과 사회와 과학의 근본이고 토대다. 건축 특유의 설계와 생산 과정을 늘 인식하면서 부분과 전체에 대한 주변 학문의 논의도 함께 주목하지 않으면 안 된다.

부분과 전체에 대해 철학의 '개체론個體論, individualism'에서는 "전체는 부분들의 합"이라고 보지만, '전체론全體論, holism'에서는 "전체는 부분들의 합 이상"이라고 본다. 개체론은 전체를 부분으로 나누며, 다시 부분을 합하면 전체가 된다고 생각한다. 이 견해에서면 전체는 그것보다는 작은 부분으로 나뉘고, 이 작은 부분의 본질을 알면 전체를 이해할 수 있다고 생각한다. 그러나 전체론은 생명 현상은 그 개개의 부분에 대해서는 기계론적으로 설명할 수 있어도, 물리화학적으로 설명할 수 있는 부분들은 한데 모으더라도 전체가 되지는 않는다고 본다. 손의 기능, 발의 움직임, 내장의 작용은 기계론적으로 설명되는 점이 많지만, 이 역시 전체적으로 통일하는 힘이 있어야만 생명이 된다.

'기계론機械論, mechanism'의 시각에서는 실재에서 더 이상 나뉠 수 없는 궁극적인 요소를 부분으로 본다. 데카르트 이후에 모든 사상事象을 인과관계와 기계적인 운동으로 환원하여 설명하고자 하는 기계론이 생겨났다. 기계론은 신이 창조한 세계에는 그때 지니고 있던 목적이 있었다는 생각을 배제하고, 세계의 모든 과정이 필연적이고도 자연적인 인과관계에 따라 생긴다고 생각했다. 때문에 생물도 물리적이거나 화학적인 법칙을 따르는 기계로 생각했다. 그러나 '변증법辨證法, dialectics'의 시각에서 부분은 전체와 관련해서만 부분이고, 전체도 부분과 관련해서만 전체가 되며, 똑같은 사물이 부분이면서 동시에 전체일 수 있다고 생각한다.

이에 대하여 '생기론生氣論, vitalism'은 생물에는 기계론적으로 설명할 수 없는 현상이 있는데, 이것은 비물질적인 생명력이나 자연법칙으로는 파악할 수 없는 원리의 지배를 받는다는 이론이다. 생물에서 특유하게 볼 수 있는 현상의 총칭을 '생명'이라 부른다. 그런데 생기론은 기계를 부정하지는 않지만, 기계론에서 말하는 요소환원주의는 부정하고 있다.

'양자론量子論, quantum theory'은 물질의 본질은 입자적인 성질과 파동적인 성질을 동시에 가지고 있다고 본다. 입자와 파동이라는 성질은 철학이나 인식론적으로 파악할 수 없는 개념이다. 그러나 양자론은 물질의 본질은 상반되는 양쪽의 성질을 갖추고 있다고 말한다. 입자가 하나둘이라고 셀 수 있는 디지털적인 성질이라면, 파동은 셀 수 없는 상태를 나타내는 성질이다. 물질이 어떤 것인가를 생각할 때도 이를 입자의 성질로 볼 것인지, 파동의 성질로 볼 것인지에 따라 물질의 부분을 생각하는 바탕이 달라진다.

이는 같은 물질에도 디지털적인 부분과 아날로그적인 부분이 있다는 것이다. 그렇다면 물질로 이루어지는 건축물에서 물질로 부분과 전체를 생각할 때 입자의 관점에서 보는 부분과, 파동의 관점에서 보는 부분이 전체인지와는 다를 수 있다는 것이 된다. 또 건축에서도 질서를 디지털적으로 파악할 때도 있고 아날로그적으로 파악할 때도 있다는 것이 된다. 이 두 가지 관점은 비유적으로 말했으나, 잘 생각해보면 내가 건축을 어떻게 생각해야 할 것인가 하는 출발점을 시사하고 있다.

부분의 합이 전체가 아니다

통상적으로 부분과 전체를 말할 때 부분의 합이 전체라고 생각한다. 그런데 아리스토텔레스는 "전체는 부분의 합보다 크다.The whole is more than the sum of its parts."라고 했다. 연필 열두 자루를 모아 한 다스가 되면 그것은 연필 열두 자루보다 크다는 말이 된다. 순두부찌개를 만들려고 사온 재료를 다 합하고 열을 가했다고 해서 그것이 맛있는 순두부찌개가 되는 것은 아니다. 맛이 있을 수도 있고 맛이 없을 수도 있다. 순두부찌개는 그것을 만든 재료의 합이 아니며 재료와 재료 사이, 곧 부분과 부분 사이의 상호작용이 생겨 맛을 내기 때문이다. 마찬가지로 사회도 원자로 구성된 물질인 세포가 모인 합이 아니듯이, 그것을 구성하는 부분의 합보다 훨씬 크다.

연필이나 순두부찌개나 사회에서 "전체는 부분의 합보다 크다."는 말은 다음과 같은 것을 의미한다. 전체를 부분의 합보다 크게 만드는 것은 창작물일 때도 마찬가지다. 특히 공동의 노력으로 본연의 가치를 살피며 자연의 현상과 대면하는 건축은 말할 나위가 없다.

그런데 생태학이나 생물학의 관점에서도 부분이 모여 전체가 되지 않는다. 생명은 단백질로 이루어져 있다. 그렇지만 단백질이 모였다고 유기적인 생명의 현상이 나타나지는 않는다. 성게 알이 초기에 세포를 발생시킬 때 일부를 파괴해도 나머지는 성게로 자라난다. 기계를 보고 부분과 전체를 생각하는 것과, 생물을 두고 부분과 전체를 생각하는 것은 입장이 전혀 다르다.

형태라든지 시스템에서는 대개 요소가 모여 집합체로 디자인된다. 이때 제일 먼저 무엇을 단위부분로 할까가 중요하다. 단위를 정하는 것은 어떻게 조합할까 하는 규칙을 정하는 것에 영향을 주며, 전체 형태에도 영향을 준다. 탱그램 게임에서는 일곱 개 모양부분에서 나온 논리와 그것으로 만들어지는 전체의 논리가 일치해야 한다.

과학은 철저한 분석과 종합이라는 발상에 바탕을 둔 것이다. 그러나 과학은 일반적으로 부분의 합을 전체라고 보며, 전체를 전체로 받아들이는 발상이 결여되어 있다. 그러나 건축은 과학이 아니다. 건축은 부분이 모이고 짜여 전체가 되지만, 부분이 또 다른 의미의 전체가 된다. 가족이 함께 사는 주택에 가족이 서로 자기 방을 갖고 있을 때, 주택은 방들의 합이지만 각자는 얼마든지 그 방이 전체로 인식되는 경험을 하며 산다. 과학은 과학이 근거하는 부분과 전체의 양상이 있고, 건축은 건축이 근거하는 부분과 전체의 양상이 있다. 철학과 사회학이 다루는 부분과 전체의 논의는 건축과 같지 않다.

건축에서 부분의 합은 전체가 되는가? 건축물은 창, 문, 벽, 아치, 벽돌 등 여러 부위나 부재 또는 재료로도 환원시킬 수 있다. 그렇다고 이 부분을 다 합한다고 전체인 건축물이 되지는 못한다. 이 질문에 가능한 답은 세 가지다. 첫째, 부분의 합은 전체다. 당연하게 보이지만 건축에서는 부분의 합이 전체와 같지 않다. 그 부분을 어떻게 구성하는가에 따라 전체가 달라지기 때문이다. 둘째, 부분의 합보다 전체가 크다. 이것은 전체가 중요하다는 뜻인데, 이때 건축에서는 '구성composition' '구조structure'라는 개념이 앞선다. 셋째, 부분의 합이 전체보다 크다는 것은 부분의 성분이 중요하다는 뜻이다.

건축은 도시의 부분이며 전체

건축에서 부분과 전체를 가장 잘 나타내는 것은 도시 속 건축의 관계다. 이탈리아의 산악도시 산 지미냐노San Gimignano를 보면 마치 현대도시의 고층 건물처럼 많은 탑이 서 있다. 이때 탑 하나하나는 작은 랜드마크이며, 그 탑들이 분포된 상태가 이 도시의 특성을 나타낸다. 또한 이 도시를 찍은 사진도 더 큰 도시의 일부가 된다. 탑은 도시 안에서 자립하는 부분이지만 랜드마크가 되어 전체를 대변해주고, 이 부분의 탑이 모여서 전체인 도시의 특성을 나타낸다는 말이다. 이런 부분과 전체의 관계는 부분의 크기와, 부분의 자립적인 성격에 따라 생각한 경우다. 그러나 부분이 통제되어 있고 그런 부분이 모여 합을 이룬다고 보는 고전건축에서는 이런 부분과 전체의 관계가 없다.

도시에는 부분과 전체의 관계가 물리적인 건물만이 아니라 그곳에 사는 사람들에게서도 나타난다. '나'라는 신체를 가진 개체가 모여 사회라는 집합을 이룬다. 따라서 도시에 모여 사는 사람들의 주거 방식도 부분과 전체의 논리를 따른다. 그런데 좋은 도시는 소수라 할지라도 그들이 사용하고 추구하는 바가 더 큰 전체에 잇닿아 있다. 우리 동네에 없는 시설을 이웃한 동네에 가면 찾을 수 있고, 우리 동네의 커뮤니티 시설이 다른 동네 사람들에게도 열려 있을 때 도시와 건축에서 부분과 전체의 관계를 새롭게 형성해갈 수 있다. 그러므로 도시에서 부분의 주거는 또 다른 부분의 주거에 잇닿아 있어야 한다.

그런데 근대건축과 도시에서는 주거를 작은 단위로 나누고 그것을 합해 근린주구近隣住區 단위 등으로 나누었다. 이렇게 하여 주거를 주택으로 축소하고, 이를 도시의 가장 작은 단위로 여겼다. 그리고 주거로부터 각종의 기능과 의미를 박탈했다. 도시 주거는 도시로 분리되었던 본래의 주거 기능을 다시 담아야 한다는 과제가 된다. 도시와 건축을 부분과 전체의 관점에서 바라보아야 하는 데는 이런 이유가 있다.

도시는 고층 건물과 대규모 건물로만 이루어지지 않으며, 작은 건물들이 누적되어 만들어지는 것이라고 주장한다고 하자. 골목길로 형성된 동네는 생활을 누적하여 만든 도시의 부분이고, 도시의 변화도 이러한 부분의 국지적인 변화를 다룬 것이라고 생각하며 건축을 한다고 하자. 이것 역시 도시와 건축에 대한 부분과 전체의 논리다.

도시의 전체와 부분의 형태와 의미를 찾는 분야가 도시형태학urban morphology이다. 이것은 물적인 환경을 어떻게 만들어갈까를 다루는 도시계획이나 도시설계와는 다른 영역이다. 도시계획자 케빈 린치Kevin Lynch는 '입자grain' '초점focal point' '길path'을 도시형태의 세 가지 주요 요소로 들고 있다. 초점이란 광장이나 의사당, 시청사와 같은 상징적인 건축물이 있는 곳을 말한다. 도시의 '입자'란 작은 도시일 경우에는 독립된 가옥이, 맨해튼과 같은 경우는 고층 건물이 해당한다. 이때 '입자'는 도시의 바탕이 되는 부분의 성질을 말한다.

과거의 도시에서 입자에 해당한 것은 주택이었다. 그 대신 교회, 지배자의 성이나 대저택, 공공시설이나 시장 등이 초점이 되었다. 이런 도시에서는 기본적인 주택의 형태와 스케일, 재료 등의 형태가 그대로 입자가 되었으며 이것이 도시의 형태, 스케일을 정해주었다. 또한 유럽의 중세도시는 오랫동안 변하지 않는 도시의 형태를 지니고 있는데, 이것은 석조나 벽돌 구조 또는 방의 크기와 배열, 지붕의 모양, 개구부의 형태 등이 대체로 유지된 채 오늘에 이르고 있기 때문이다. 건축물의 부분이 그대로 도시 전체를 결정한 경우다.

그런데 근대에 들어 주택은 일반적인 유형으로 만들어졌다. 그리고 슈퍼 블록, 도시재개발, 확대하고 고밀화하는 과정에서 점차 인간적인 스케일의 입자가 사라지게 되었다. 입자가 사라졌다는 것은 도시 형태 연구가 가능하지 않게 되었다는 의미다. 또 부분을 모아 전체를 말하는 도시가 근거를 잃게 되었다는 뜻이기도 하다. 이런 결과는 그만큼 입자이고 부분인 건축이 전체를 대변해왔다는 것이며, 부분인 건축이 도시라는 더욱 큰 전체를 결정하고 있었음을 반증한다. 그만큼 건축의 역할이 중요하다는 뜻이다. "떨어져 있으면서 연결되어 있다." 이 말도 부분과 전체의 여러 논리를 생각하게 해준다. 이것은 사람을 부분으로 본다면, 떨어져 있어도 이웃의 상황에 결부되어 있고, 공간에 함께 있어도 그 안에서 독립해 있는 경우를 말한다. 방을 부분으로 본다면, 방들이 복도로 연결되지 않고 모두 방으로 이어지는 경우를 말한다. 그리고 집을 부분으로 본다면, 건축이 도시의 일부에 직접 접하고 생활과 가로에 직접 면하는 것을 말한다. "떨어져 있으면서 연결되어 있다."는 말은 사람, 방, 건축, 도시에 대해 부분과 전체가 어떻게 있어야 하는가를 대변한다. 이런 현상은 오늘날에 많이 나타나는데, 그렇다고 오늘날에 갑자기 나타난 것은 아니다. 예전부터 늘 그래 왔던 원형적인 것을 건축이라는 부분으로 또 다른 전체를 만들겠다는 감각에서 나온 것이다.

부분이 전체, 전체가 부분

전체에서 부분인 건축

건축가는 직능적으로 전체와 부분의 관계를 결정하는 전문가다. 건축가는 건축물과 관련된 생각과 예산, 땅, 방의 크기와 쓰임새, 공간 그리고 수많은 재료를 부분으로 사용자가 참가하는 전체를 결정하는 직업이다. 그러므로 건축가의 사고는 결국 부분과 전체에 대한 사고로 요약된다.

전체에서 정해진 건축. 이렇게 말하면 가장 먼저 이탈리아 북부 비첸차Vicenza에 있는 안드레아 팔라디오Andrea Palladio의 로툰다 주택Villa Rotunda•을 제일 먼저 머리에 떠올릴 것이다. 평면만 보아도 강한 대칭성을 보이는데 9분할한 정사각형 평면에 똑같은 포치와 계단을 덧붙였고, 네 방향에서 똑같은 입면을 만들었다. 로툰다 주택의 높은 기단 위에는 거창한 계단과 함께 신전 정면 모양의 입구가 있고 지붕의 제일 위에 둥그런 지붕을 놓아, 강력한 전체 속에서 부분을 규정해간 건축물이다.

이 건물이 전체로부터 결정되었다는 생각을 갖게 하는 것은 강한 중심성과 각 부분의 형태 질서다. 그리고 많은 건물이 이와 비슷한 빌라의 형태를 유형학적인 원형으로 하여 구성된 것도 이 건물이 전체가 부분을 강하게 규정하고 있다는 것을 읽게 해준다. 내부에 들어와서도 전체가 부분을 정하고 있다는 인상은 변함이 없다. 높은 중앙의 홀이 관찰자의 체험을 중앙에 집중시키고, 높은 돔 위를 바라보며 그 안을 돌게 한다.

고전주의 건축이 그렇듯이 밖에서 보면 견고한 벽으로 구축되어 있다. 그러나 이런 외부와는 달리 건물의 안은 돔에서 비쳐 들어오는 균질한 빛을 받아 하나의 공간으로 통합되어 있다. 더구나 돔 아래 벽면에 있는 원기둥과 조각상은 구축된 것이 아니고 그려진 것이다. 원형의 중앙 공간은 실체와 허구가 감각적으로 얽혀 있다. 따라서 이 건물은 두 개의 서로 다른 형식, 서로 다른 두 부분으로 나뉘어 있어서 안에 들어가보지 않으면 전체가 어떻게 되어 있는지 알 수 없다. 도면과 건축에서 얻는 체험도 모두 전체에 대해서는 하나의 불완전한 부분이다. 주위를 돌아보면 장소에 따라 의외로 표정이 풍부하고 지형의 변화가 많다. 중앙 홀에서 사방으로 내다보는 경관도 모두 다르다. 전체 구성은 단순한데, 흔히 말하고 있듯이 전체가 안과 밖의 여러 부분들을 구속하고 있지는 않다.

팔라디오의 로툰다 주택이 전체가 부분을 지배하는 고전건축의 대표작이라면, 미스의 판즈워스 주택Farnsworth house은 전체가 부분을 지배하는 오늘날 건축의 대표작이다. 로툰다 주택이 어디에서 보나 네 면이 똑같듯이, 이 주택도 전체가 하나의 단순한 상자이며 네 면이 똑같다. 모든 수직면이 유리로 되어 있고, 위아래로 평행하는 지붕과 바닥면으로 한정되어 있다. 로툰다 주택처럼 네 면이 똑같다는 말을 할 필요조차 느끼지 못할 정도로 질서가 극도로 단순하다.

내부 전체가 하나의 공간이며 그 안에는 기둥도 없다. 기둥은 유리면 밖에 붙어 있다. 주택 전체는 그야말로 구축체만을 남긴 극단적인 투명한 상자다. 로툰다 주택에서는 밖에서 안이 어떤지 알 수 없었고 또 회화적인 내부에서는 밖이 그렇게 구축적으로 되어 있는지 알 수 없었다. 그러나 판즈워스 주택에서는 안과 밖의 차이가 거의 없고 부분도 전체도 모두 한눈으로 파악된다. 그만큼 내부와 외부의 질서가 겹쳐 있다는 뜻이며, 안과 밖의 경험이 모두 이 질서에 종속되어 있다는 뜻이다.

그런데 이 투명한 상자는 홀로 있지 않고 주변의 숲으로 에워싸여 있다. 따라서 주변 환경 없이 건물만 있는 판즈워스 주택은 말할 수 없다. 투명한 상자인 이 주택은 더욱 넓은 주변을 포함한 더 큰 전체의 한 부분이다. 이 주택의 전체는 그만큼 넓다. 따라서 이 주택의 작은 부분도 더 큰 전체의 지배를 받지 않는다. 오히려 판즈워스 주택이 로툰다 주택보다 예상하지 못한 의외의 효과가 적다.

전체에서 부분이라면 기계 제작처럼 일사분란하게 부분이 전체를 향할 것처럼 느껴진다. 그러나 이 두 건축에서 배우는 바는, 전체에서 부분이라는 위계적인 질서에도 로툰다 주택처럼 부분과 전체를 차례로 이끄는 차이가 명확하게 구분되는 질서가 있는가 하면, 판즈워스 주택처럼 부분과 전체를 차례로 이끄는 차이를 거의 구분할 수 없게 한 질서가 있다는 사실을 인식하는 것이다.

부분에서 전체인 건축

이와는 반대로 부분이 전체를 장악하는 건축이 있다. 아테네 아크로폴리스 위에 있는 에레크테이온Erechtheion 신전•의 유명한 기둥에는 여성상이 조각되어 있는데, 이것이 가장 눈길을 끈다. 추상적인 구성 안에 구상적인 인체를 두었기 때문이다. 여성상주女性像柱만 있는 것이 아니다. 빈의 벨베데레 궁전Schloss Belvedere 입구에는 건장한 남성상 기둥이 서 있다. 이런 인체를 묘사한 기둥은 한 부분에 지나지 않는데도 두꺼운 벽으로만 둘러싸인 공간을 장악한다.

세기말의 건축가 빅토르 오르타Victor Horta가 1898년에 설계한 자신의 주택 겸 아틀리에는 도로에 면해 서로 붙어 있는 여러 건물 중 하나다. 그래서 전체는 알 수 없고 정면만 볼 수 있다. 그러나 안쪽 정원을 돌아 들어가면 전혀 예상하지 못한 외관이 하나 더 나타난다. 그곳에는 다채로운 장식이 넘쳐 난다. 여기에 대담하게 사용한 거울의 화려한 디자인이 차례차례 나타난다. 전체에 수렴하지 않고 쪼개진, 그러나 매력적인 부분이 제각기 주인공이 되어 전체로 확산된다. 이 건물에서는 부분과 부분이 이어지며 더해진다. 그리고 점차 전체를 파악한다.

같은 건물에서도 보는 위치에 따라 전체는 부분으로 쪼개진다. 이를 두고 사람이 건물을 한 바퀴 돌아보면 다 그렇게 보이지 않는가 하고 반문할지도 모르겠다. 그러나 전체가 부분으로 나뉜다는 것은 문자 그대로 보는 위치에 따라 부분과 전체가 뒤바뀌도록 설계한 경우를 말한다.

잘 알려져 있듯이 코르뷔지에의 롱샹 성당Chapelle de Ronchamp•은 크게 덮은 지붕이 인상적이다. 그렇지만 이 지붕이 어디에서나 늘 내부 전체를 지배하고 있는 것은 아니다. 배면으로 돌아 들어가면 지붕은 사라지고 두터운 탑이 서 있는 모습을 대면한다. 앞에서는 지붕에 거대한 덩어리가 덮여 있지만, 이 위치에 서면 지붕은 사라지고 수직으로 서 있던 그 거대한 덩어리의 좁은 틈으로 들어가게 되어 있다. 앞에서는 공중에 떠 있는 듯이 보였던 수평의 '에워싸는 모티프'가 우월했는데, 배면에서는 땅에 뿌리를 내린 수직의 '받치는 모티프'가 우위에 있게 된다.

또한 전체를 명확하게 하기 위해 부분이 변칙되기도 한다. 가령 파르테논 신전에서는 열주와 보가 기하학적인 심메트리아symmetria로 정확하게 부분을 모아 전체를 형성하고 있다고 여긴다. 그러나 실제로 이 정확한 건물에 정확한 직선은 하나도 없다. 기단도 보도 모두 곡선으로 부풀어 있다. 심하게 말하자면 부분이 극히 작은 범위 안에서 변형을 일으키며 정확한 전체에 대해 반란을 일으킨 것이다. 사람의 눈으로 지각하는 것과 실제의 기하학이 달라서 건물을 시각적으로 보정했기 때문이다. 이때 어느 것을 부분이라고 말할 수 있을까 물으면 대답하기 쉽지 않다. 전체가 부분을 확실하게 규정하도록 설계했는데, 다른 한편으로 부분이 조정을 받아 전체가 변형된 것이다. 엄밀한 의미에서 파르테논 신전은 부분의 지배가 전체 안에 개입한 건축이라 할 수 있다.

건축물의 부분은 건축물을 넘어 더 큰 전체를 불러들인다. 포르투갈 건축가 알바로 시자Alvaro Siza의 '산타 마리아 교회와 교구 센터Santa Maria Parish Center'[*]는 내부의 소재와 물체의 형상이 빛과 일체가 되어 공간과 조화를 이루고 있다. 그러나 그 부분은 위에 그려진 더 큰 전체인 도시와 관계를 맺고 있는 내부다. 이 교회의 내부에는 일자로 길게 난 창이 있다. 키 높이로 설치된 이 창은 교회로 들어오는 통로에 직접 면하고 있어서 거리를 지나는 사람과 함께 있음을 나타내고 있다.

마찬가지로 시자의 서펜타인 갤러리 파빌리온Pavilion for the Serpentine Gallery은 근처에 있는 신고전주의 양식의 기존 건축에 대한, 그리고 옆에 서 있는 나무에 대한 한 부분이다. 두 건물과 나무는 대화하듯이 놓여 있다. 파빌리온의 내부는 1-1.5미터의 간격을 가진 격자 모양의 구조체로 덮여 있다. 격자 한 칸 한 칸은 이 파빌리온 지붕의 한 부분이지만, 이 지붕은 파빌리온 전체에, 그리고 파빌리온은 더 큰 자연 조건에 대한 부분이 된다. 이렇게 하여 파빌리온의 벽면은 신고전주의 건물과 함께, 다른 벽면은 나무와 함께 새로운 공간을 형성한다. 부분과 전체는 건물만이 아닌 이웃하는 다른 부분과 이어져 또 다른 전체를 만든다.

부분과 전체는 교차한다

부분과 전체의 관계는 건축가의 작법이 정당한가를 증명하기도 한다. 이런 정당화에 가장 열심인 건축가는 단연 코르뷔지에였다. 그는 '건축의 4구성les quatre compositions'이라 하여 자신의 초기 건축 구성을 스스로 네 가지로 나누어 분석해보였다. 첫 번째는 라 로슈잔네레 주택Villas la Roche-Jeanneret처럼 부가된 부분이 외부에 나타나는 것이다. 이것은 전체를 지배하기보다는 부분의 연결이라는 전체적인 인상을 앞세운다. 나머지 세 개는 전체를 지배하는 특징이 강하다. 두 번째는 가르슈 주택Villa Garche처럼 부분이 기하학적 윤곽이 뚜렷한 입방체 안에 포함된다. 세 번째는 카르타주 주택Villa Baizeau at Carthage처럼 프레임이 노출되고 외피가 단순하여 층마다 다른 구성을 보여주는 타입이다. 이는 입방체의 기하학적인 윤곽을 골조로 바꾸어 돔이노의 골조 구조체가 전체를 지배한다. 네 번째는 사보아 주택Villa Savoya처럼 단순한 외부 형태는 두 번째와 같고, 내부 공간은 첫 번째와 세 번째 같은 구성인데, 기하학적 형태가 주역이 되어 전체를 지배한다.

코르뷔지에는 '건축의 4구성'으로 부분과 전체가 어떤 질서를 어떻게 표현할 수 있는지 가능한 경우의 수를 보여주었다. 첫 번째 구성은 부분이 다양하게 주장하며 접속하여 단순히 병치된다. 따라서 전체는 느슨하다. 두 번째 구성은 부분이 다양하게 주장하지만, 육면체라는 강력한 윤곽과 겹친다. 세 번째 구성은 부분의 다양한 주장을 돔이노라는 강력한 골조와 겹치게 한다. 네 번째 구성은 부분은 다양하게 주장하면서도 주연과 조연의 구분이 있다. 이처럼 그의 '건축의 4구성'은 자기가 생각하는 부분과 전체의 다양한 조합 방식을 모두 열거한 것이었다.

설계하는 과정에서 나타난 부분과 전체는 지어진 뒤에도 그대로 나타난다. 루이스 칸Louis Kahn의 브린모어대학교 기숙사 Erdman Dormitory, Bryn Mawr College의 평면은 중심형의 정사각형 건물 세 개가 꼭짓점에서 잇달아 붙어 있다. 그중 한 블록의 주변을 개인의 방이 두르고 있고, 한가운데 공유 공간이 있다. 마치 로툰다 주택처럼 전체가 부분을 규정한다. 내부의 중심에는 콘크리트 채광탑이 있다. 그러나 이와는 달리 외벽은 회색 슬레이트 판과 얇은 콘크리트 틀로 되어 있어 마치 병풍처럼 가볍게 두르고 있는 듯이 보이며, 내부의 강한 중심형 공간을 임시하지 않는다.

밖에서 보면 로툰다 주택과 같은 강한 중심성이 전체를 압도하는 듯 보이지만 정작 내부로 들어서면 의외로 강한 중심성이 나타나지 않는다. 이 세 개의 중심 공간 축으로 이어지며 커다란 통로가 되어 있다. 이처럼 이 건물에서 평면과 외관과 내부는 모두 전체에 대해 독자적으로 작용하는 부분들이다. 초기 스케치를 보면 부분적으로 중심형이 나타나 있으며, 동시에 지형을 따라 통로를 길게 내려 했다. 따라서 처음부터 전체가 강하게 완결되지 않고, 중심형과 선형이라는 두 가지 다른 질서가 대등하게 구성되었다.

도시는 증축 중

도시란 오랜 시간에 걸쳐 사람과 사물이 무수하게 쌓이고 겹치면서 만들어지는 것이다. 그래서 언제 시작되었는지 알 수 없다. 그런 도시가 급격하게 거대해지자 한 번에 계획하여 완성해야 할 때가 있었다. '계획'으로 도시를 급속히 만들 수는 있으나 이 계획은 많은 오차를 발생시킨다. '계획' 도시는 전체를 먼저 규정하지만, 정상적인 도시는 오랜 시간에 걸쳐 만들어진다. 부분에 부분이 끊임없이 누적되는 도시야말로 철학으로는 도저히 상상할 수 없는 인간의 독창적인 산물이었다.

건축가 마키 후미히코槇文彦는 '군조형群造形, Group Form'[6]을 설명하면서 현대도시의 질서는 고전적인 도시의 질서와는 달리 '클록clock'이 아니라 '클라우드cloud'라고 말했다. 또한 유동하는 도시에 대해 건축물 하나하나 또는 한정된 집합체는 언제나 덧셈이라고 말했다. '구름'과 '시계'는 철학자 칼 포퍼Karl Popper의 비유다. 그는 『객관적 지식Objective Knowledge』에서 세계는 물리법칙이 미리 지배하는 결정론적인 세계시계가 아니라, 비결정론적인 세계구름에 가깝다고 했다. 도시란 한 번에 계획하여 대규모의 전체를 만드는 것이 아니라, 천천히 시간이 걸리게 하여 부분이 다른 부분에 적응하도록 부분을 증식하고 갱신하게 한다는 것이다. 이렇게 생각할 때 도시와 건축을 다양한 부분 또는 단편의 집적, 성장과 갱신의 과정이라는 시간 속에서 바라보게 된다.

도시 안에는 수많은 건축물이 있다. 흔히 건축설계는 신축을 대상으로 하지만, 그 건물 하나만 볼 때 '신축'이다. 그 옆에 있는 집을 함께 생각하면 그 일부가 고쳐 지어지는 것으로 보아 이 신축 건물은 '개축'이다. 나아가서 도시 전체를 두고 보면 이 신축하는 건물은 '증축'이다. 이러한 생각은 이상할 것이 없다. 대학교 캠퍼스를 보면, 캠퍼스 일곽에 건물이 새로 지어지고 있지만, 대학 전체로 보면 이 건물은 법적으로도 '증축'이다.

'신축' '개축' '증축'이라는 용어가 지니는 개념도 넓게 보면 어떤 전체에 대한 부분을 만들어가는 방식을 말하고 있다. 아무것도 없는 빈 땅 위에 지어진다는 관념에서는 '신축'이지만, 주변의 다른 집들을 하나의 전체로 보면 그것에 대한 부분이 지어지고 있으니, 주변이라는 더 큰 집에 대한 '개축'이 맞다. 그리고 더 큰 전체로 보면 도시에 대해 건물 하나가 지어질 때마다 '증축'한 것이 된다. 도시는 부분이 누적되어가는 진행형인 전체이며, 지금도 증축 중이다.

도시를 전체로 계획하는 사고는 건축 모델을 위에서 바라보는 것과 같다. 그리고 도시를 부분이 누적된 것으로 보는 사고는 건축 모델을 자기 눈높이에서 보는 것과 같다. 조감도적鳥瞰圖, bird eye's view인 시선은 전체를 우선으로 하는 시선이며, 충감도적蟲瞰圖, worm eye's view 시선은 인간의 신체적인 시점을 우선으로 하는 시선이다. 이와 같이 부분과 전체에 대한 다른 인식은 시선과 지각에도 나타난다. 조감도적인 시선은 전체를 두고 이에 따라 계획하려 한다. 그런데 도시가 개축되고 증축된다는 개념은 건축을 신체로 직접 경험하는 충감도적인 시선과도 일치한다.

신은 디테일 안에 있다

디테일의 전체

부분이 모이는 곳

건축물은 아주 작은 것에서 시작하여 아주 큰 것으로 완성되지만, 설계는 이와 반대로 아주 큰 것에서 시작하여 점차 아주 작은 것으로 접근해간다. 설계하는 대상의 차이는 있어도 크기가 작은 제품 디자인이나 범위가 넓은 도시설계와 설계의 본질에는 그리 큰 차이가 없다.

건축에서 설계는 작은 것과 큰 것 사이를 계속 왔다 갔다 한다. 완성된 도면은 스케일이 큰 것에서 작은 것으로 배열되지만, 설계할 때는 배치도를 그리다가 내부 공간을 그리기도 하고, 파사드를 생각하다가 지붕의 재료를 엮는 디테일을 생각하기도 한다. 설계에서 수많은 다양한 재료의 치수가 다양한 스케일에서 정해지지만, 그 치수는 어떤 부분과 만나는가에 따라 달라진다. 완성된 건축물을 보면 부분과 부분에 위계가 있는 듯이 보이지만 설계하는 동안 치수의 위계는 없다. 기둥 간격 6미터와 알루미늄 새시 100밀리미터는 동등하다.

디테일상세 또는 세부은 부분에 대한 건축가의 인식을 대신 나타낸다. 건축에서 디테일은 부분과 전체를 생각하는 아주 중요한 지점이지만, 최종적으로는 전체성을 얻기 위해 설계된다. 디테일은 작은 부분을 기술적으로 처리는 것이 아니다. 그것은 건축의 여러 부분이 자기 주장을 하며 모이고 더 큰 전체를 만드는 곳이다. 이 디테일은 건물을 실현하기 위해 재료, 요소, 성분, 구성재를 이루는 여러 다른 물질이 각각의 크기를 갖고 기능적으로만이 아니라 미적으로 서로 부딪치는 지점이다. 디테일은 문맥·환경·행위·프로그램이라는 상대적인 측면에 만족해야 하고, 단열성·방수성·차음성·방음성·투과성과 같이 객관적인 측면도 함께 만족해야 한다. 그래서 디테일은 물질을 선택하는 것이며, 그것에는 반드시 물질이 위치하는 배열이 있다. 어떤 건물에서 훌륭하게 사용된 디테일도 다른 건물에는 그대로 적용되지 못한다. 디테일도 한 번에 결정되지 않고 조건과 조건 사이를 왕복하면 정해진다.

구성composition[7]은 부분을 모아 전체를 만든다. 그러나 구성은 작은 부분의 가치가 화학적으로 결합하고 조직되는 디테일과 성격이 사뭇 다르다. 디테일은 바닥이나 벽의 텍스처를 결정하고, 개구부의 여닫는 방법을 결정하며, 손잡이나 난간처럼 손이 직접 닿는 곳을 결정한다. 건축공간이 건물 안을 움직이는 데 필요한 형태, 치수, 배치를 기하학으로 다루는 것이라면, 디테일은 건축과 신체가 만나고, 촉각과 시각이 합쳐지는 곳이다. 1972년 루이스 칸의 킴벨미술관Kimbell Art Museum•의 철재 난간은 사람이 계단을 오르내리며 손바닥으로 짚을 수 있게 기다리고 있는 곳이며, 벽, 계단, 트레버틴, 사람의 키, 사람의 손, 계단이 이어주고 있는 방이라는 부분이 집결하는 곳이다.

도면은 어떤 규칙을 따라 그려진 기호의 집적이다. 특히 설계도면은 누가 보아도 틀리지 않게 내용을 전달하도록 그려진다. 건축의 설계도에는 1/500 정도의 배치도에서 1/100, 1/200의 평면도와 입면도 그리고 1/2, 1/5의 상세도가 있다. 이 도면은 스케일에 따라 담아야 할 내용이 각각 다르다. 설계도면은 전체를 나타내는 도면에서 시작하여 점차 부분을 설명한다. 스케일이 큰 도면은 지역, 근린, 공공과 같이 넓은 범위에 속하는 바를 그리고, 작은 스케일의 상세는 손이 닿는 곳을 그린다. 디테일은 제품 디자인의 성격과 비슷한 데가 있다. 1/1에서 1/50정도의 도면에서는 건물의 질감, 사람의 감각을 표현한다.

사물을 하나로 합치는 것

독일 철학자 마르틴 하이데거Martin Heidegger가 말한 '짓기building'란 사물이 하나로 합쳐지는 것how things come together이었는데, 건축의 디테일이야말로 사물이 하나로 합쳐지는 것이다. 사물은 나무나 철이나 손잡이 같은 것만이 아니다. 주택이라면 거실과 부엌 또는 방과 마당과 같은 공간의 요소도 합쳐져야 할 사물이다. 그런데 바닥을 어떤 재료로 어떻게 마감할지 정하지 못하면 바닥의 넓이도, 지붕의 형상도 정하지 못한다. 사물이 만나는 방식이 바닥이나 지붕의 형상이나 구조의 형식 그리고 공간의 감각까지 결정한다는 뜻이다.

다른 재료들이 하나로 합쳐지는 디테일을 정하기 위해 건축가는 많은 스케치를 그린다. 알바로 시자는 갈리시안 현대미술관Galician Center of Contemporary Art을 위해 이런 스케치를 그렸다. 이 스케치에는 건축과 길의 관계가 그려져 있고, 그 아래 길에 대응하는 넓은 벽면의 밑을 길게 자르기 위해 돌에서 철골로 바뀌는 디테일을 구상하고 있다. 또 그 아래에는 근육질의 우람한 남자를 그려놓았는데, 이는 사람이 지나는 이 건물 한 부분을 이 사람의 표정처럼 묵직하게 만들겠다는 의도로 추측된다.

이런 스케치는 시자만 그리는 것은 아니다. 그리고 이 디테일 자체는 전혀 어렵지 않다. 다만 다른 점이 있다면 거대한 벽체가 감싸여 있으면서도, 낮은 벽이 지나가는 사람의 눈높이에서 스케일을 조절한다는 것이다. 이처럼 사물이 모이고 위치하는 디테일은 부위의 크기와 물리적인 관계만이 아니라 상황과 감정까지 표현되는 화학적 관계를 가진다. 이를 위해 여러 필기도구로 생각을 구분하거나 작은 모형을 만들어 검토한다. 하이데거는 사물이 모여 하나의 세계를 형성한다고 했는데, 건축의 디테일이야말로 작은 부분에서 더 큰 세계를 담는 행위라 할 수 있다.

때문에 디테일은 작은 사물의 합이 아니다. 만일 떠 있는 듯한 지붕을 만들고자 할 때 매끈하게 떠 있게 할지, 거칠게 떠 있게 할지는 전적으로 '기와'라는 작은 재료가 합쳐지는 방식에 따른다. 그러나 마을의 풍경은 모든 집들의 지붕이라는 사물이 하나로 합쳐진 것이다. 이때 집 한 채의 지붕이 마을 풍경 전체의 디테일이다. 그렇지만 이러한 풍경이나 디테일은 구조와 시공이 동시에 해결된 것인 동시에 무언가 강력한 이미지를 불러일으킨다.

노르웨이에는 스타베 교회Stave Church라는 중세 목조 교회가 있다. '스타베'라는 이름은 힘을 받는 기둥을 스타프르stafr라 부른 데서 기인한다. 이 교회는 전통적인 교회의 평면을 하고 있고, 외형은 크기로는 비교가 안 되지만 고딕 대성당과 같은 형태를 하고 있다. 그러나 재료는 온통 나무뿐이다. 때문에 이 교회의 외관을 결정하는 것은 나무가 엮여진 디테일의 형태다. 지붕과 벽에 눈이 쌓이지 않게 마름모꼴의 작은 나뭇토막을 무수히 잇대어 만들었다. 교회 건물은 통나무 벽과 나무 기와라는 두 가지 방식이 형태 전체를 결정한다. 더구나 가까이에서 보는 나무 기와의 디테일은 감동적이다. 지역에서 얻을 수 있는 유일한 재료인 나무로 기와 모양의 지붕널을 만들고 이것을 나무 못으로 박아 무수히 붙였다. 스타베 교회의 지붕과 벽면은 이 한 가지 디테일이 전체를 뒤덮고 있다. 그러나 혹독한 자연에 대항하여 하늘을 향해 높이 올린 교회 건물은 처절하고 엄숙한 감정을 자아내기까지 한다.

칸의 건축에서 디테일은 전체 속에서 분명하게 통합된다. 엑서터 도서관Exeter Library•의 외관은 내부의 캐럴에는 목제 창문이 있고 이와 쌍을 이루도록 외부도 티크 나무 패널로 마감되어 있다. 그러나 이 부분은 더 큰 창의 일부다. 유리창과 목재 패널 사이에는 창을 타고 흐르는 빗물을 흘려 보내기 위한 두툼한 웨더 바weather bar가 붙어 있으며, 이것이 패널에 깊은 그림자를 드리운다. 그리고 하중을 받는 벽돌 기둥은 밑에서는 넓게, 그리고 위로 올라가면서 좁아지고 있다.

최상층부는 빈 프레임으로 되어 있다. 이 프레임의 바로 밑은 그 아래에 있는 창의 크기와 모양과 비슷하다. 목재 패널 대신에 벽돌이, 웨더 바 대신에 콘크리트 인방이 끼워져 있다. 기둥에는 수평으로 벽돌을 쌓고 거더girder에는 아치 쌓기를 했다. 최상부의 벽돌 벽은 기둥과 달리 보이려고 작은 틈새를 주었다. 엑서터 도서관의 디테일은 구조의 힘의 분포와 부재의 차이를 보여준다. 그리고 부분마다 독립성을 분명히 하면서 부분과 전체를 단순하게 통합하고 있다.

디테일은 재료가 모인 부분이지만, 재료의 종류와 성질이 전체를 결정한다. 건축이 하나의 물질로 만들어지던 시대에는 오더, 조각적인 장식물이 공간을 언어로 만들었다. 이와 반대로 근대건축에서는 공장에서 생산되고 규격화된 부재와 부품이 현장에 운반되어 서로 다른 부품을 조립한 건축물로 만들어졌다. 그러나 20세기 말에는 분절하지 않고 매듭이 없는 평평한 연속곡면 등으로 접합부가 생기지 않았고, 그 결과 디테일이 보이지 않게 되었다.

플라스틱이나 합성고무 같은 고분자 소재의 등장으로 부분과 전체가 이음매 없이 이어지는 일체성을 보여줄 변화가 생겼다. 이런 소재는 고전적 의미의 고정된 물질성이 아니라, 밖에서 가해진 힘과 환경으로 물질이 상태를 바꾸고 있다. 이렇게 하여 부분과 전체라는 기계적인 분절이 사라지고 연속적인 표면을 이루게 된다. 또 미생물이 분해하여 흙으로 바뀌는 플라스틱도 있다. 이처럼 재료가 수명을 다하면 다른 것으로 바뀌는 재료도 사용되고 있다. 이렇게 되면 디테일의 개념으로 풀어간 부분과 전체의 관계는 크게 달라질 것이다.

미스 반 데어 로에의 디테일

"신은 디테일 안에 있다.God is in the detail."라는 말이 있다. 건축하는 사람에게는 미스 반 데어 로에의 격언으로 알려져 있다. 이것은 디테일이 대우주macrocosmos를 반영하는 소우주microcosmos라는 것을 뜻한다. 그러나 이 말은 독일 역사학자 아비 바르부르크Avy Warburg가 미술사 연구에서 도상학적 수법을 확립할 때 즐겨 사용한 격언이었다. 또한 독일어로 'Der liebe Gott steckt im Detail.신은 디테일 안에 있다.'라는 말은 그 이전부터 있었다. 세세한 디테일을 소홀히 여기면 전체를 얻을 수 없다는 뜻이다. 그러면 미스는 왜 이 말을 그렇게 중요하게 여겼을까?

필립 존슨Philip Johnson의 '글라스하우스Glass House'와 미스의 판즈워스 주택은 모두 철골 구조에 전체가 유리로 된 상자로 되어 있다. 그래서 부분과 전체가 비슷하다고 여겨지는지 비교 대상이 된다. 게다가 이 두 주택은 모두 풍부한 자연에 둘러싸여 있다. 그러나 알고 보면 부분과 전체의 결합 방식이 전혀 다르다.

존슨의 '글라스하우스'는 문자 그대로 투명한 유리 상자다. 디테일은 차례대로 모여 단순한 전체를 완벽하게 이루고 있다. 그러나 판즈워스 주택은 반대로 디테일이 전체의 경직성을 흐리게 만든다. 두꺼운 기둥과 창의 멀리온mullion, 창문의 중간 문설주은 겹쳐 보이며 안과 밖의 공간이 교차해서 확장되어 있는 듯이 보인다.

손잡이나 줄눈, 기둥과 벽의 결합부 등만이 디테일이 아니다. 디테일은 건축가가 사고하는 흔적을 보여주는데, 그 대표적인 사례가 미스의 바르셀로나 파빌리온Barcelona Pavilion의 십자 기둥이다. 이 기둥은 네 개의 앵글을 짜고 이것을 크롬 도금판으로 감쌌다. 기둥을 작아 보이게 하고 반사하는 면을 최대로 만들기 위함이었다. 이렇게 만든 기둥을 두고 데카르트적 격자에 서게 된 기둥의 존재를 지우기 위함이라고 설명하는 예가 많다. 그러나 이것은 십자 기둥의 작은 면까지도 주위의 풍경을 비추며 빛나면서, 눈에는 보이지 않는 공간의 윤곽을 적극적으로 형성하고 있다. 다시 말해 이 십자 기둥은 실제의 공간과 눈에 보이지 않는 공간의 볼륨을 정의하고 있다.

바로크 건축에서는 구축물이 극적인 공간을 만드는 데 종속되는 경우도 있고, 반대로 구축을 우선으로 여겨 공간을 약화시키는 경우도 있다. 하지만 바르셀로나 파빌리온의 사소하게 보이는 디테일은 구축과 공간을 대등하게 만들고 있다. 흔히 기둥이 기본 모듈을 정하고 그것에 따라 벽과 유리면의 위치가 정해진다. 그러나 이 파빌리온에서는 바닥의 트래버틴이 모듈에 맞게 잘려 있고, 그 교점에 십자 기둥이 놓여 있어서 마치 기둥이 전체 기본 모듈을 정한 것처럼 보인다. 그러나 이 십자 기둥의 기초는 독립하여 지하의 기초에 묻혀 있다. 또 자세히 보면 이 모듈은 유리면의 단위 치수와는 미세하게 어긋나 있다.

바르셀로나 파빌리온은 부분이 전체에 그대로 질서정연하게 수렴되는 듯이 보이지만, 바닥의 트래버틴 치수, 유리벽의 치수, 기둥의 위치는 각각 정해진 것이다. 전체가 부분을 통제하는 것이 아니라, 부분의 다른 질서가 전체의 질서에 맞춰 있는 듯이 보일 뿐이다. 그러나 이렇게 서로 다른 부분의 질서를 전체의 질서에 맞춘 듯이 보이게 해준 것은 다름 아닌 디테일이었다.

일반적으로 건물은 큰 부분에서 시작하여 작은 부분을 향하면서 경험한다. 그리고 아주 가까이에서는 작은 부분을 더욱 자세히 보게 된다. 이렇게 가까이에서 본 작은 부분을 바탕으로 건물에 접근하며 보았던 것을 다시 구성하면, 이것들이 위계적으로 연결되어 전체를 형성하는데, 존슨의 '글라스하우스'가 그 대표적인 예다. 반대로 이런 방식으로 바르셀로나 파빌리온을 바라보면 서로 다른 디테일이 이어지므로 전체는 위계적으로 형성되지 못한다. 이것은 건물의 부분과 디테일이 전체에 수렴되지 않는다는 뜻이다.

레이크 쇼어 드라이브 아파트 860-880Lake Shore Drive Apartments은 고층 건물의 전형을 보여준다. 콘크리트로 내화성을 높인 철골 구조로 된 지주와 각각의 기둥 사이를 구분하는 돌출된 I형강 멀리온이 용접되어 있다. I형강의 멀리온은 얼핏 작은 기둥처럼 보이며 벽면 전체를 리드미컬하게 분절한다. 이 멀리온은 디테일이며 엄밀한 의미에서 장식이다. 그러나 이 의태擬態의 멀리온 때문에 외부에 면한 기둥은 갈 곳이 없어 이곳에 멈추고 있는 듯이 보인다.

기둥과 멀리온으로 분할된 부분에는 알루미늄 창이 붙어 있다. 멀리온은 모퉁이의 콘크리트 피복 철골 기둥에도 용접되어 있다. 건물을 밑에서 올려다보면 건축 전체를 장악하는 것은 본래의 구조와 건물 전체의 볼륨이 아니라 이 작은 멀리온들이다.

지주에 붙인 멀리온은 기능상 쓸모가 없는 것이다. 그런데도 미스는 건물이 "올바로 보이지 않기" 때문에 멀리온을 붙였다고 말했다. 그렇다면 어떤 "건물이 올바로 보이는 것"일까? 건물이 "올바르게 보이는" 것은 건물을 지성으로 보는 것이며, 디테일에 주목하는 지성으로 건물을 바로볼 수 있다는 뜻이다. 장식으로 보이는 I형강을 지성으로 독해하게 하는 것이 건물이 "바르게 보이는" 것이다.

미스의 건축에서는 I형강이 많이 반복된다. 그렇다고 똑같은 것이 되풀이되었다는 뜻은 아니며, 각 건물에 맞게 알루미늄과 I형강의 멀리온이 다양하게 디자인되었다. 건축사가 프란체스코 달 코Francesco Dal Co는 미스의 건축에서 디테일은 건물의 세부를 결정해주면서도 가장 탁월한 장식이고, 또 이것이 구조에 영향을 준다고 보았다. 그렇다면 과연 미스는 이 작은 디테일로 구조의 질서를 결정하고 전체의 질서에 조응할 수 있었을까?

미스는 건물 모퉁이에 기둥이 오는 것을 피했다. 모퉁이에 기둥이 오면 건물이 구축과 공간에 대응하지 못하고 하나의 상자로 완결되기 때문이다. 그래서 시그램 빌딩Seagram Building이나 크라운 홀Crown Hall처럼 모퉁이에 기둥이 와야 하는 경우는 네 개의 모퉁이에 반대로 기둥이 올 자리를 비워두도록 디테일을 만들었다. 1956년 크라운 홀은 모퉁이의 구조가 감추어져 있다. 모퉁이에 있어야 할 기둥이 사라지고, 그 대신에 비어 있는 반反기둥이 그 자리를 차지하고 있다. 비어 있는 반기둥의 디테일은 거기에 있어야 할 것을 가린 것이다. 그러나 그 자리에 있어야 할 기둥을 위장僞裝하고 가림으로써 건물 전체는 "바르게 보이게" 되었다. "건물 전체=신는 디테일 안에 있다."는 이런 상태를 두고 하는 말이다.

이렇게 볼 때 미스의 건축에서는 디테일이 구조에서 직접 나온 장식이 아니다. 구조와는 분리된 디테일로서 전체와 유기적인 관계를 갖고 있지 않다. 이는 미스가 근대의 기술에는 전체와 부분의 유기적인 관계는 없다고 보았기 때문이다. 그래서 그의 건축에서 디테일은 전체에 조응하지 않는다.

이것을 건축가 아돌프 로스Adolf Loos의 '장식과 죄악'과 관련시키면 어떻게 될까? 철학자 마시모 카치아리Massimo Cacciari도, 로스도 "신은 디테일 안에 있다."는 것을 믿고 있었으며 그렇기 때문에 그의 건축에는 디테일이 없다고 말했다. 무슨 말일까? 우리는 장식을 없앴다, 배제했다고 말함으로써 장식의 모든 문제가 다 없어진 것으로 이해한다. 그러나 카치아리는 그렇지 않다고 말한다. 장식이란 없는 것이 아니라 배제된 것이다. 따라서 장식이 벗겨진 표면은 장식이 제거된 표면일 따름이다. 이는 장식이 없는 것이 아니라, 장식이 없음에 대한 하나의 기호일 뿐이다. 그래서 건축에서 장식과 디테일은 어려운 개념이다. 장식과 디테일은 모두 부분과 전체의 관계에 관련하여 지나칠 수 없는 중요한 개념이다.

건축사로 읽는 부분과 전체

고전과 중세건축

고전건축에서 요소는 윤곽이 분명한 덩어리로 되어 있다. 이런 요소들은 서로 침투함이 없이 완결성을 나타내며, 완결된 오브젝트의 형태를 유지한다. 고전건축에서는 요소가 하나의 오브젝트이고, 그보다 더 큰 전체도 하나의 오브젝트로 존재한다. 또 이런 요소 관계에서는 건축 평면도 단순한 윤곽을 가진 닫힌 형태가 된다. 그리고 이런 평면을 가진 완결된 건축물은 더 큰 전체인 도시의 한 부분이 된다.

따라서 고전건축의 요소는 독자적인 의미를 가진다. 고전건축의 부분과 전체를 가장 잘 나타내는 기둥은 아래에서 위까지 각각 이름을 가진 요소들로 결합된다. 이는 단어들이 하나의 문장을 구성하는 것과 같다. 요소는 자립해 있으므로, 예를 들어 주두柱頭가 따로 떨어져 다른 장소에 놓여도 나름대로 의미를 갖는다. 카리아티드caryatid라는 여성상주처럼 기둥의 주신柱身을 바꾸어 넣으면 문장에서 단어를 바꾸듯이 또 다른 표현이 된다. 형태가 분명한 요소는 전체와 긴밀하게 결합하여 더욱 큰 전체인 방이나 건물로 확장되어간다.

이에 비하면 고딕 건축은 공간이 높고 기둥과 벽이 모이는 방식이 고전건축과 다르다. 고딕 건축에서는 장대하다는 인상과는 달리 건물의 안과 밖이 의외로 자잘한 알갱이로 덮여 있다. 정문에 해당하는 팀파눔tympanum은 여러 겹의 몰딩으로 되어 있는데, 멀리서 보면 자잘하게 보이는 수많은 조상彫像이 새겨져 있다. 피너클pinnacle에도 알갱이가 붙어 있고, 하늘에 접하는 부위의 윤곽에도 셀 수 없이 많은 알갱이가 붙어 있다.

고딕 건축을 대표하는 스테인드글라스도 마찬가지다. 스테인드글라스는 성경에 나타난 여러 사건과 가르침을 수많은 색유리로 쪼개어 붙인 그림으로 표현한 것이지만, 내부에서 보면 고딕 대성당의 벽은 무수한 입자로 되어 있다. 창문의 트레이서리tracery도 나뉜 부분 안에 또 다시 이보다 작은 부분을 만들어내고 있다. 이처럼 고딕 건축은 전체를 작은 입자로 잘게 나누고 부분을 섬세하게 분해하려고 한다.

파리의 시테섬 근처에 1248년에 완성된 생트샤펠Sainte-Chapelle이라는 경당經堂[8]이 있다. 루이 9세가 콘스탄티노폴리스에서 받은 그리스도의 가시관과, 예수가 못 박혔던 십자가의 조각을 보관하기 위해 자신의 왕궁에 세웠다는 경당이다. 나선 계단을 돌아 2층으로 올라가면 신비로운 빛이 보는 이를 엄습하는데, 그야말로 빛의 홍수요, 빛의 보석이 박힌 공간이다. 벽면은 모두 열다섯 개로 되어 있다. 벽면 전체는 창에서 빛을 받아들이고 있으며, 골조는 최소한으로 억제되어 있다. 교차 볼트를 보강해주는 뼈대들은 기둥으로 합쳐지면서 가벼운 선을 긋고 있다. 구조는 힘을 떠받치는 구조가 아니라 하나의 시각적인 선이 되어 있다.

이 경당의 내부를 무수한 알갱이가 덮고 있다. 유리화나 창문의 문양 중 어느 하나도 다른 것을 지배하는 것이 없다. 빛과 색깔, 구조와 창, 수많은 문양은 모두 대등하다. 거의 바닥에서 시작하여 천장까지 하나의 면으로 된 창도 그 안은 무수한 입자로 분해되어 있다. 기둥의 다발도 작은 문양으로 나뉘어 있고, 천장에도 무수한 별 모양이 가득하다. 이런 공간은 천장도 높고 전체가 잘게 쪼개져서 웬만한 조각은 잘 보이지 않는다. 육중하고 촉각적인 로마네스크 성당과 비교하면 모든 것이 시각적인 것을 위해 만들어져 있다. 그 결과, 이 경당의 공간은 가볍게 빛나고, 물질은 온통 비물질적인 것으로 변해 있다. 공간은 육중하고, 무겁게 높지 않고 가볍게 높다. 보석과 같은 공간 안에는 신비한 빛이 가득 차 있고, 사람은 그 빛에 물들어 있다.

고전건축은 물질을 견고하게 만드는 '물질적 건축'이지만, 고딕 건축은 물질을 잘게 분해하고 '빛의 벽'을 만들어내는 '비물질적 건축'이다. 고전건축은 물질을 매스로 다른 물체 위에 얹어 중량감을 표현하면서 자기를 주장하지만, 고딕 건축은 물질을 가늘고 길게 분할하여 중량감을 줄인다. 고딕 건축에서 보이는 다발 모양의 기둥은 육중한 느낌을 줄이고 비물질적인 가벼운 공간을 만들기 위한 것이었다. 고딕 성당으로 들어오는 빛은 무한한 공간의 변화를 더욱 분명하게 나타낸다.

로마네스크와 고딕 건축

로마네스크 건축과 고딕 건축을 자세히 공부해두지 않으면 이 성당이 로마네스크 양식인지 고딕 양식인지 잘 구분하지 못한다. 그만큼 유사한 것이 많다. 이 두 건축 양식은 모두 회중석會衆席, nave을 구성하는 중랑中廊, central aisle과 측랑側廊, side aisle 그리고 슈베chevet라는 동쪽 끝부분 등 세 부분으로 되어 있다. 그리고 두 양식 모두 장축형이고 제대를 향한 목표점이 있다. 중랑 좌우에 있는 벽면 구성도 비슷하다.

그러나 부분과 전체의 관계는 사뭇 다르다. 독일 예술사가 빌리 드로스트Willi Drost는 로마네스크 건축이 플라톤적인 입체를 덧붙여가는 '부가'의 건축인 반면, 고딕 건축은 스콜라 철학에서 말하는 계층과 같이 전체에서 부분으로 분할해가는 '분할'의 건축이라고 보았다. 그러니까 로마네스크 건축은 전체가 우위를 차지하는 보편적인 건축, 곧 플라톤적인 실재론實在論의 건축이지만, 고딕 건축은 개체인 부분이 우위를 차지하는 아리스토텔레스적인 유명론唯名論의 건축인 것이다. 이는 무슨 뜻일까?

로마네스크 성당의 출발은 지붕이다. 그 이전에 목구조로 지붕을 씌우던 것을 돌로 볼트를 만들어 지붕을 삼은 것이다. 그러나 그 무게가 기둥을 거쳐 지반에 내려가려면 볼트를 받쳐주는 벽에 추력이 생겨서 잘못하면 지붕이 무너져내릴 위험이 컸다. 이를 위해 가운데에 높이 만든 좌우의 벽 아래에 이것보다는 낮은 벽을 가진 공간을 덧붙였다. 그 결과 가운데에는 중앙 통로인 중랑, 좌우에는 측면 통로인 측랑이 생겼다. 지붕의 간격을 무리하게 벌릴 수 없을 때 측랑을 두어 성당의 내부공간을 넓혔다. 그리고 측랑을 만든 낮은 쪽 벽에 버트레스bustress라는 버팀벽을 덧대어 성당의 벽을 다시 지지해주었다.

이렇게 되자 문제는 창을 쉽게 낼 수가 없었다. 벽이 곧 구조였기 때문이다. 그 결과 로마네스크 성당에는 고창clerestory만이 높은 곳에 날 수 있었고, 성당 내부는 일반적으로 상당히 어두웠다. 고전건축은 기둥과 보라는 구조로 만들어지는데, 이 둘은 서로 받쳐주고 받쳐지는 관계에 있었다. 로마네스크 건축도 지붕을 원통 볼트로 하고 측면에 아치를 사용하였으나, 전체적으로는 이 기둥과 보라는 구조법을 벗어나지 못했다.

이와는 달리 고딕 건축은 모든 부재가 아치로 되어 있다. 로마네스크 건축에서는 회중석과 횡랑橫廊, transept에 속하는 부분에도 다른 형태의 천장을 사용하지만, 고딕 건축에서는 회중석도 중랑과 측랑으로 나뉘고 슈베도 반원제단apse과 주보랑周步廊 그리고 방사상으로 배치된 경당으로 나뉜다.

지붕에서 시작한 아치는 여기저기에서 등가로 땅으로 내려오고, 이렇게 내려온 각 방향의 아치 골조는 다발 기둥을 만들어낸다. 예를 들어 샤르트르 대성당Cathédrale de Chartres의 평면을 보면, 회중석과 교차부crossing 그리고 제단과 그 동쪽 부분이 모두 세 개의 통로로 분할되어 있고 같은 볼트로도 분할되어 있다. 곧 전체가 있고 그 안에 이와 비슷하게 보이는 또 다른 구조가 그 안을 나누고 있다. 네 개의 기둥을 잇는 X자는 기둥 위에 얹힌 교차 볼트다. 교차 볼트는 두 개의 볼트가 교차한 것이어서 네 방향으로 동등한 힘을 분산시킨다. 평면에서는 회중석, 교차부, 슈베 등 세 부분으로 나뉘지만 그 구조법은 동등하다.

그리고 그 각 부분은 같은 방법으로 다시 분할된다. 이것은 지주가 대주大柱, pier로 나뉘고, 다시 대주는 소주小柱, shaft로 나뉘며, 이것은 더 작은 소주로 나뉜다. 그래서 고딕 대성당의 기둥은 마치 대나무 다발처럼 보인다. 이것은 전체가 다시 전체와 같은 체계를 갖는 부분으로 계속 분할된다는 것을 뜻한다.

이것은 미술사가 빌헬름 보링거Wilhelm Worringer가 『고딕 미술형식론Form Problems of the Gothic』에서 말한 설명에 잘 나타나 있다. "고딕인은 단지 무한히 큰 것에서만이 아니라 무한히 작은 것 안에서도 자신이 몰입하기를 애쓴다. 대우주적으로 운동의 무한성이 건축 전체의 형상 안에 나타나는데, 이 운동의 무한성은 소우주적으로 건축의 아주 작은 모든 부분에서도 나타나 있다. 부분 하나하나가 제각기 아주 혼란스러운 동요와 무한함에 가득 차 있는 하나의 세계다. …… 지붕 꼭대기에 올려놓은 작은 첨탑은 하나의 작은 대성당이다. 또 기교를 다해 혼돈스럽기까지 한 트레이서리tracery에 정신을 빼앗긴 사람은 건축 조직 전체 안에 있을 때와 마찬가지로 세부에서도 자기가 논리적인 형식주의에 도취해 있음을 경험할 수 있다."[9] 건물 전체로 보면 무한한 우주가 느껴지는데, 마찬가지로 똑같은 우주가 작은 부분에서도 느껴지는 것. 이처럼 전체에서는 부분이, 부분에서는 전체가 크기만 다를 뿐이지 같은 것을 말하고 있음을 느끼게 된다는 것이다. 고딕 건축에서는 부분을 보는 것이 전체를 보는 것이고, 전체를 보는 것이 부분을 보는 것이다.

이것은 미술사가 에르빈 파노프스키Erwin Panofsky가 『고딕 건축과 스콜라학Gothic Architecture and Scholasticism』[10]이라는 책에서 밝힌 바와 같이, 스콜라 철학과 고딕 건축은 제각기 같은 것에서 영향을 받았다는 데서 비롯된 것이다. 그는 고딕 건축이 이러한 스콜라 철학의 영향 선상에서 구성되었다고 논증했는데, 스콜라 철학의 두 번째 요건인 '서로 같은 부분과 부분이 같은 체계를 따라 배열되는 것'이 전체에 걸쳐 적용된다는 것이었다. 스콜라 철학의 강의는 텍스트를 주석할 때 소단위로 분할하는 것division은 가장 마지막에 분할되는 요소에까지 적용되는 방법을 취했다. 강의는 권위 있는 텍스트들의 한 절을 큰 소리로 읽는데, 이것이 전체다. 그리고 그 절을 작은 문단들로 분해하여 텍스트 전체의 골격을 설명한 뒤 각 문단을 상세히 해설하는 방식으로 이루어졌다. 전체는 책으로, 책은 장으로, 장은 항이라는 식으로 사물을 단계적으로 분해하여 생각했다. 이것은 그 전체가 가지고 있는 체계를 그 하위에도 그대로 적용한 것이라고 파노프스키는 밝혔다.

이와 같이 고딕 건축은 전체를 같은 계층성을 가진 부분으로 분할해간 건축이다. 고딕 건축은 이러한 전체와 부분을 통해서 무엇을 얻고자 한 것일까? 그것은 내부공간의 비물질성을 이러한 구조 시스템으로 표현한 것이다. 이러한 구조에 따라 면과 공간이 분할되면 물질성을 잃어버리기 때문이다.

르네상스와 바로크 건축

건축사가 파울 프랑클Paul Frankl은 『건축형태의 원리』[11]에서 '부가와 분할'이라는 대립 개념으로 공간 형태, 물체 형태, 가시 형태, 목적 의도를 각각 분석해보였다. 물론 이와 같은 연구로 르네상스와 바로크를 하나는 부가이고 다른 하나는 분할이라는 식으로 간단하게 요약할 수는 없다. 다만 그의 장대한 연구처럼 건축의 큰 흐름을 이와 같은 부가와 분할이라는 부분과 전체의 관계에서 바라는 보는 것은 매우 중요한 일이다.

그에 따르면 제1단계인 르네상스는 공간이 부가된 것이다. 르네상스 건축에서는 각각의 요소가 분리될 수 있고 명확하게 한정되어 있다. 외부에서 보면 튀어나와 있는 요소도 전체의 중심에서 시작해야 하며 이 요소를 지나면 다음 구역을 구성하는 요소로 명확하게 구분된다. 그래서 이 건축공간에서는 아무런 목적 없이 이리저리 돌아다닐 수 없다. 그래서 르네상스 건축에서는 모양이 다른 각각의 구성 요소가 더욱 높은 레벨에 속하는 공간접합체에 종속된다.

이에 대해 제2단계인 바로크에서는 이미 존재하고 있는 전체에 대하여 요소는 마치 분수分數처럼 작용한다. 전체 공간은 여러 단위로 이루어지는 것이 아니라 전체 공간이 하나의 단위이며, 그 단위는 여러 부분으로 나뉜다. 이 부분은 전체 공간 속에 떠 있는 듯이 경계면이 모호하다. 그래서 공간은 끊임없이 변화하고 불완전하여 계속 생성되고 있다는 느낌을 준다. 또 공간 안에서는 넘쳐흐르는 듯한 운동이 일어난다.

물체 형태를 보면 제1단계인 르네상스에서는 오더가 분명하고 기둥의 열이 리드미컬한 간격으로 배열되며, 벽에서는 명확하게 분절된다. 또한 프레임과 격자 천장이 두루 쓰인다. 파울 프랑클은 이에 대해 "구축적 외각外殼은 너무 철저하게 만들어져 있어 이 피부 속 어디를 만져보아도 모두 다 딱딱한 관절이 붙어 있음을 느낄 수 있다."고 말했다. 지지체는 구성요소가 명확하고 비례를 짐작할 수 있으며 눈으로 분명히 확인된다. 부분은 독립되어 있어서 어떤 부분도 다른 건물과 연속적인 관계를 갖지 않는다. 그래서 이 단계에서는 물체가 힘의 발생원처럼 작용한다.

제2단계인 바로크의 물체 형태에서는 골조 전체의 가치가 떨어져 있고, 물체 형태는 공간 형태를 에워싸고 있는 연속적인 피부처럼 작용한다. 근육이 아니라 피부, 접혀 있는 피부, 당겨진 피부의 느낌을 준다. 형태는 융합하고 분열한다. 따라서 이 단계에서는 물체가 힘의 전달체로 작용한다.

제1단계인 르네상스의 가시 형태를 보면 각각의 조망은 모두 정면성을 갖는다. 건물을 한 곳에서 보아도 다른 곳에서 본 것과 거의 다를 바 없다. "시점視點은 각각 동등한 자격을 갖는다. 아무리 많은 시점을 취한다고 해도 그 시점들은 끊임없이 다른 시점을 보완해줄 뿐이다." 주요 시점은 사전에 계획되어 있어서 건축은 하나의 상像으로 파악된다.

그러나 제2단계인 바로크에서는 물체 형태가 단지 시각적인 현상을 나타내기 위해 존재한다고 말한다. 빛과 그림자, 반사광과 색채 등으로 물체 형태가 분열되어 있는 듯이 보이고, 공간이 불안정하여 다른 시점에서 어떻게 보일지 상상할 수가 없다. 따라서 어떤 하나의 상은 개별적으로 독립된 상과 관련되어 있지 않고, 다수의 상으로 존재한다. 따라서 이러한 사실을 알려면 한 곳의 지점에서 바라보는 것으로도 충분하다.

목적 의도에서도 제1단계인 르네상스는 목적이 동등한 관계에 있고 모든 목적이 오직 그 소유자 한 사람과 관계가 있어서 이를 구심적으로 파악된 목적이라고 말하고 있으나, 제2단계인 바로크에서는 이와는 반대로 원심적으로 파악된 목적이라고 결론을 내리고 있다. 공간 형태, 물체 형태, 가시 형태에 대하여 제1단계에서 제4단계까지 있으나, 더욱 자세한 분석과 제3, 4단계 등에 대해서는 『건축형태의 원리』를 직접 읽어보기를 권한다.

배열

배열의 개념

배열은 순서

배열配列, arrangement이란 순서를 정해 늘어놓는 것이다. 단어의 뜻은 간단하지만 배열에는 배열되는 요소가 있고, 그것을 늘어놓는 순서가 있다. 이 요소와 순서가 사물에 따라 크게 다르다. 한글 키보드는 양손을 쓰기 때문에 왼쪽에는 자음을, 오른쪽에는 모음을 배열했다. 자음의 배열은 쌍자음이 있는 것은 맨 윗줄에, 가장 자주 쓰이는 자음은 중앙에 두었다. 그러나 컴퓨터 과학에서 배열array은 번호와 번호에 대응하는 데이터들로 이루어진 자료 구조를 나타낸다는 뜻으로 건축에서는 사용하지 않는 개념이다.

배열配列과 배치配置는 같은 뜻이 아니다. 배열은 순서를 정해서 늘어놓는 것이고, 배치는 일정한 자리에 알맞게 나누어 두는 것이다. 언어는 미리 분절된 단위로 시간의 흐름에 따라 단어와 소리를 '배열하는' 것이지 단어와 소리를 '배치하는' 것은 아니다. 배열은 순서에 따라 자리가 달라질 수 있으나, 배치는 그것이 일정한 자리에 정해지는 것을 더 강조한다. 자리에 정해져 있되, 그것들이 늘어서 있는 순서는 배열이다. 따라서 도시 안에 있는 수많은 집은 땅 위에 배치되어 있지만, 그것이 격자상으로 놓여 있는지, 축을 따라 놓여 있는지는 부분의 배열에 관한 것이다.

건축에서 부분의 배열은 기하학적으로 복잡하다. 그리고 건축에서 공간은 물리적 재료로 형성되어, 강하고 약한 차이는 있어도 뚜렷한 윤곽을 갖는다. 주택의 실室이라는 공간 단위를 어떻게 전체로부터 분절하는가, 또는 어떻게 접속하는가 하는 것이 공간의 배열이다. 또 이것은 공간 형성에만 해당되는 것이 아니다. 배열은 도시 안에 배치된 건물의 사용 용도를 넘어서 기능하는 다양한 공간에 대해서도 유효하고, 건축물을 이루는 기둥, 벽, 바닥이라는 부위의 짜임도 배열로 말할 수 있다.

배열의 언어

그렇지만 건축에서 배열을 언어로 표시할 수는 있다. 사실 실제로 건축을 설계하고 논의하는 개념과 언어는 배열에 관한 것이 많다. 예를 들면 하나하나의 방이 독립되어 있으면서 이어지게 하겠다고 하자. 여기에서 '하나하나'란 단위는 부분이되, '독립'이란 그 단위와 부분의 고유성을 유지하겠다는 의사의 표현이고, "이어지게 하겠다"란 그러한 부분은 따로따로 위치시키는 것이 아니라 잇달아 묶어서 더욱 큰 전체를 이루겠다는 뜻이다. 그리고 "있으면서"란 하나는 독립되어 있고 다른 하나는 같이 있게 한다는 서로 모순된 성질을 동시에 갖게 하겠다는 표현이다. 따라서 이 말은 부분과 전체의 배열에 관한 것이다.

부분과 전체의 배열에 대해 건축에서 흔히 쓰는 말이 있다. 전체성, 완결성, 일체성, 유기성, 구축성, 계층성, 구조, 통합, 시스템 등은 전체의 결합을 강하게 표현하는 말이다. 이를테면 '전체성 entirety, totality'은 하나의 사물이 하나의 덩어리를 이루는데, 이것이 다시 세세한 부분으로 나뉘어 그 특질을 잃어버릴 정도로 부분이 하나의 전체를 위해 결합되어 있을 때, 부분이 전체와 떨어져 있지 못할 때 사용한다. '완결성completeness'은 더 이상 다른 부분이 덧붙을 수도 없고 빠져나갈 수도 없는 전체의 성질이라는 뜻이다. 그러나 전체성과 완결성은 비슷해 보이지만 서로 다르다. 이런 배열의 용어는 직유 또는 은유로 표현된다.

요소要素, 입자粒子, 단편斷片, 단위單位는 부분을 나타내는 말이다. 그리고 이 부분을 위상적位相的, 트리tree, 네트워크network라고 하면 부분의 위치적 관계를 나타낸다. 일의적一義的, 등가等價, 균질均質 등은 부분과 부분의 관계의 세기를 뜻하다. 일의적一義的, 일방향적一方向的이란 부분 중에 가장 강한 요소가 있어서 이것이 모든 것을 주도한다는 뜻이다. 등가란 둘 또는 셀 수 있을 정도의 부분의 세기와 입장이 동등하다는 뜻이고, 동등한 정도가 더욱 일반화하면 그것을 균질하다고 표현한다. 분절分節은 부분의 독립성이 강하여 서로 다른 성질로 구분된다는 뜻이다.

공유共有, 중복重複, 병렬竝列, 병존竝存, 반복反復, 접속接續, 접촉接觸, 인접隣接, 분산分散 등은 부분이 어느 정도 대등하면서 그것들이 맞대고 있는 정도에 따라 배열의 의미가 달라진다. '공유'는 서로 독립된 개인이 손을 내밀어 악수하듯이 부분이 독립되지 않으면 서로 나누어 가질 수 없다. 등가인 부분은 공유할 것이 없다. '중복'은 같은 것이 겹치는 것이며, '포함'은 싸여서 그 안에 들어가는 것이다. '병렬'은 두 개 이상인 것이 늘어서는 것이며, '병존'은 두 개 또는 두 개 이상인 것이 동시에 존재하는 것이다. 따라서 '병렬'과 '병존'은 다르다. '병렬'은 늘어서 있는 모습을 말하고, '병존'은 늘어서 있거나 떨어져 있기 이전에 동시에 있는 것을 말한다.

'접속'이라는 용어는 인터넷에서 많이 사용하지만 건축에서는 물리적으로 두 가지 이상이 이어지는 것이고, '접촉'은 가까이 가서 서로 맞닿은 것이다. 이어지는 것과 서로 맞닿은 것은 같지 않다. '인접'은 이어지거나 맞닿아도 이웃하여 있거나 옆에 닿아 있는 것을 뜻한다. '분산'은 갈라 흩어지는 것이다. 또 '연속連續'은 부분이 끊어지지 않고 죽 이어지는 것이고, '단속'斷續은 부분이 끊어지면서 이어지는 것이고, '시퀀스'는 일련의 장면이 연속되는 것이므로 물리적인 부분의 연속으로는 쓰이지 않는다.

건축에서는 배열의 특징이나 경향을 분석적으로 나타내는 개념으로 이항대립binary opposition을 사용한다. 이항대립이란 서로 대조적인 요소를 갖고 있어서 한쪽이 언급되는 경우에는 저절로 다른 쪽의 존재가 전제되어 있는 관계 개념이다. 질서 / 무질서, 집중 / 분산중심을 향해 모이는가 아니면 중심으로부터 멀어져 사방으로 흩어지는가 하는 계량적이며 확률적인 판단, 단순 / 복잡, 균등 / 불균등, 안정 / 불안정안정하게 만들어주는 것을 비례 균형, 평형에서 찾는다, 분절 / 분할작은 것을 더해가는가 또는 전체에서 잘라나가는가, 명료 / 모호, 연속 / 비연속 등이 그러하다. 배열의 양상에 대한 이항대립 개념도 있다. 유동 / 정체, 활성 / 불활성, 정형 / 부정형, 정적 / 동적 등이 그것이다.

배열의 구조를 나타내는 것[12]으로는 중심, 에지edge, 노드node, 포치布置, constellation, 넓게 늘어놓음 등이 있다. 부분을 강조하여 배열의 구조를 나타낼 때는 근방, 연결, 분리, 치환, 분절 등의 개념을 사용한다. 이질적인 것이 만나 조정될 때는 사이, 인터페이스interface라는 용어를, 관계의 내용을 나타낼 때는 전위轉位, shift, 반전反轉, inversion, 매립埋立, embedding 등의 개념을 사용한다.

건축은 부분과 전체를 배열하고 조직하는 것이므로 이런 용어를 일상적으로 사용하는 단어가 아니라 더욱 정확한 전문용어로 여겨야 한다.

배열의 전체 질서

조직

건축에서 부분이 모여 생긴 전체를 나타내려고 자주 쓰는 말이 있다. 그러나 그것은 부분과 전체에 대한 무언가의 약속된 용어가 아닌 자의적으로 사용될 때가 많다. 그중에 자주 쓰이는 말은 조직組織, organization이다. 이는 생기론生氣論에서 생명 현상이 보이는 개체를 있게 하는 메커니즘의 고유성을 그대로 대상화하는 개념으로 제시한 것이다. 때로는 이것을 유기구성有機構成, 유기체有機體, 유기조직有機組織 등 여러 가지로 번역하기도 한다. 이 '조직'은 기계론機械論이 요소환원주의가 아닌 설명하기 어려운 전체성 또는 고유성을 나타내는 개념이다. 따라서 건축에서 '조직'이라는 개념을 사용할 때는 이와 같은 전체성, 고유성, 생명현상과 같이 요소로는 분리할 수 없는 전체를 다루려고 하는 것임에 유의해야 한다.

그러나 이 말은 쓰임새가 여러 가지다. 일반적으로 사물을 조립하는 것을 뜻하지만, 기업이나 학교 등 일정한 공통의 목표를 달성하기 위해 구성원 사이의 역할이나 기능이 분화나 통합되어 있는 집단 등에서 사람의 관계를 나타낸다. 그런가 하면 분화된 기능을 갖는 여러 요소가 일정한 원리나 질서를 바탕으로 하나의 의의 있는 전체가 되어 있는 것을 가리키기도 한다. 조직은 생물체를 구성하는 단위의 하나로서 같은 형태와 기능을 갖는 세포가 모인 것세포 조직으로도 쓰이지만, 암석을 구성하는 광물의 결정도結晶度·크기·배열을 말하기도 하는 등 생물과 무생물에 같이 사용된다. 또 옷감에서 씨줄과 날줄이 짜여 있는 것을 뜻한다.

건축에서 자주 사용되는 조직組織은 이처럼 기둥과 보, 물질이 모인 방식, 인간 집단, 기능 단위와 그 결합, 생물체나 구조체의 짜임새 또는 옷감의 짜임새 등에서 사용되는 의미를 비유적으로 사용하기 때문에 어떤 것을 향하여 사용되는가에 따라 의미 사용이 달라진다. 그러나 조직은 사용법이 정확하지 않고 개인적으로 쓰일 뿐 학술적으로도 정리된 용어는 아니다. 건물 조직建物組織, building fabric은 건물의 내부를 감싸고 외부로부터 내부를 분리하는 구조 재료, 외피, 단열재, 마감재 등을 가리킨다. 지붕, 외벽, 창문, 문, 계단 등으로 건물의 내부와 외부의 에너지 흐름을 제어하는 것을 말한다.

생물학의 조직과 옷감의 조직일 때는 '티슈tissue'라는 용어가 사용되기도 한다. 도시에서는 도시 조직都市組織이라는 말을 어반 티슈urban tissue 또는 어반 패브릭urban fabric이라고 하여 고정된 용어로 쓴다. 그러나 '건축 조직建築組織'이라는 용어는 없다. 도시 조직에서 조직이란 생물체를 구성하는 단위인 인프라로서 파악하고, 건축, 대지, 공지, 가로, 가구街區, 지구 등을 하나 또는 여러 개의 조직체로 여긴다. 그리고 도시를 유기체에 비유해 유전자, 세포, 장기, 혈관, 뼈 등 여러 가지 생체 조직으로 이루어진다고 본다.

'도시 조직'은 건축유형학建築類型學, typology에서 도시를 건축물의 집합으로 생각하고 집합의 단위가 되는 건축의 일정한 틀을 밝힐 때 사용하는 개념이기도 하다. 건축유형학에서는 건축물이 몇 가지 요소방, 건축부품 등나 몇 가지 시스템구조체, 내장, 설비 등으로 이루어진다고 보고, 건축에서 도시까지 일관하여 구성하고 그 배열을 규정하는 여러 요인을 밝히는 이론의 개념이다. 도시 조직이라고 하면 근린 조직과 같이 집단 안의 여러 관계로 규정되는 공간의 배열을 사회집단의 편성과 함께 생각한다.

구성이나 조직에서 설계를 해가는 과정에는 두 가지가 있을 것이다. 하나는 '분절의 방식'이다. 이것은 미리 상정한 전체를 실천하기 위해 내부를 단위공간 또는 부분으로 분화하고 이들의 관계를 이어가는 것으로, 전체에서 부분으로 진행하는 톱다운 방식의 설계다. 다른 하나는 '접속의 방식'이다. 이것은 개별적으로 단위공간에 의한 부분의 관계성을 조합하고 확대해가며 전체를 만들어가는 계통으로, 부분에서 전체를 향하는 보텀업bottom-up의 방식이다.

시스템

시스템system이란 조직 또는 체계라고도 하는데, 이는 서로 관계하는 요소의 집합을 가리킨다. 예를 들어 포유류 동물과 어류 동물이 섞여 있는 것에서 말, 양, 원숭이 등의 동물이라는 요소만으로 이어진 것은 포유류 동물 시스템이고, 고등어나 연어 같은 물고기라는 요소로 이어진 것은 어류 시스템이 된다. 이런 식으로 만든 사회 시스템이라는 용어도 있다.

이것은 부분을 더하면 전체가 된다는 발상과는 다르다. 어디까지나 시스템 자체와 그 바깥에 있는 환경 세계가 구별되는 것에 의미가 있다. 곧 시스템과 관계되는가 아닌가가 중요하다. 그래서 시스템에는 내부와 외부를 나누는 경계가 있고 이런 경계로 규정된다. 생물은 세포라는 구성 요소의 집합이며, 개개의 세포는 각각의 기능을 담당하면서 다른 세포와 유기적인 연대를 가지고 생명체라는 시스템을 구성한다.

시스템은 복잡한 것을 단순하게 정리해 주변의 환경에서 구분하는 영역이다. 시스템의 관점에서 보면 각각의 요소는 어떤 규칙으로 질서를 이루고 복잡한 상황이 정리된다. 시스템은 상위와 하위의 시스템으로 이어진다. 시스템이란 서로 연관되는 여러 요소가 다양한 관계로 짜여 있는 동향 전체를 말한다. 예를 들면 전기통신은 시스템이다. 해바라기나 셰퍼드 개도 시스템이고, 텔레비전 수상기도 우편제도도 교향곡도 시스템이며, 학교와 같은 제도와 지식과 인원도 모두 시스템이다.

구조나 조직, 체계나 제도라고 부르는 것은 모두 시스템이다. 건축에서 구조부재는 건축의 세기에 관한 시스템이고, 급배수 설비는 위생적으로 조절된 물의 공급과 배출에 관한 시스템이다. 실제로 존재하는 벽이 아니라 다양한 물체로 만들어진 판상이 수직으로 서서 방을 구획하고 지붕을 받치는 물체를 총칭하는 '벽'은 시스템이다. 그런데 시스템은 따로 있지 않고 여러 개가 서로 겹치며 통합되고자 한다.

단 하나의 시스템으로 만들어진 건물은 강한 표현을 가질 수 있다. 그러나 건축이 단 하나의 시스템으로 만들어져야 한다는 규칙은 없다. 건축가 헤르만 헤르츠베르허Herman Hertzberger가 설계한 사무소 건물인 센트랄 베헤르Centraal Beheer는 똑같은 단위를 반복하여 내부 공간은 아주 다양한 도시 공간을 얻는 데 성공했다. 이와는 달리 외관은 대규모 건물을 작은 단위로 분해한 지구라트 모양이기 때문에 도시에 대해 충분히 배려하지 못하고 단조롭다는 비판이 많다. 그러나 코르뷔지에가 완성하지 못한 계획안인 '베네치아 병원계획Proposal for a Hospital in Venice'은 병실의 단위를 반복하여 내부 공간의 질서를 만들어내는 수법은 비슷하지만, 외관은 베네치아의 도시 공간에 호응하며 분절되어 있어서 내부와는 전혀 다른 접근법을 보였다.

이런 측면에서 근대건축에서 '시스템'이라는 용어를 붙인 것 중 지금까지도 가장 유명한 것은 '돔이노 시스템Dom-Ino system'일 것이다. 1914년 코르뷔지에는 철근 콘크리트 구조의 수평 슬래브와 가느다란 여섯 개의 기둥 그리고 층을 이어주는 계단만 있는, 그래서 지금 막 골조가 공사 중인 현장의 모습을 한 구조 모델을 두고 '돔이노 시스템'이라고 이름 붙였다.

예전에는 건물의 부위를 자르면 벽체와 구조체와 설비를 한 번에 잘라내는 것으로 보았다. 마치 토르소torso[13]처럼 팔 하나를 잘라내면 그 안에 있는 근육, 뼈대, 핏줄 모두를 잘라내는 것과 같았다. 그런데 당시에 기계를 대표하는 자동차는 안에 있는 엔진 블록의 체계가 있고, 차체로 전체 형태를 나타내는 체계가 있었다. 또 각종 배관으로 자동차를 움직이게 하는 체계는 차체를 만드는 체계와 달랐다.

이러한 단순한 구조체처럼 보이는 것을 통해서 건축을 생산하는 방식을 체계별로 나누어야 한다고 제안한 것은 코르뷔지에가 처음이었다. 코르뷔지에가 제안한 '돔이노 시스템'에는 일단 건물을 만드는 구조 체계, 설비 체계, 밖으로 드러나는 기하학의 체계뿐만 아니라, 그 안에서 움직이는 사람의 순환 체계가 모두 제각기 다른 규칙에 의해 따로 결정되므로 이 여러 체계를 따로따로 분류하여 이를 또 다른 하나로 통합한다는 뜻이 담겨 있다. 더구나 이 '돔이노 시스템'은 건축에 옥상정원, 중간층, 필로티라는 3개의 수직층을 구성하고, 각층은 수평면이 자유로이 치환될 수 있는 자유로운 평면으로 만들었다.

그리고 나아가 코르뷔지에는 단지 건물을 이렇게 완성하는 것에 머물지 않고 건축이 도시를 만들 뿐만 아니라, 그 안에 사는 사람의 생활 전체도 바꾸어야 한다고 보았다. 도시란 그에게 전혀 새로운 장소이며 새로운 생활이 영위되는 곳이었다. 물론 그가 철근 콘크리트 구조법을 창안한 이도 아니고 그러한 구조법을 구사한 최초의 건축가도 아니다. 그러나 그는 이러한 도시를 구성하려면 그것을 달성하기 위한 수단으로 새롭게 구성된 주거 시스템이 필요하다고 보았다. 그렇지만 이것은 철근 콘크리트 구조체 자체를 말하는 것이 아니다. 그것은 코르뷔지에 자신이 희망한 유토피아를 달성하기 위해 사회를 바꿀 수 있는 새로운 건축 언어였으며 수단이었다.

코르뷔지에의 '필로티' '자유로운 평면' '수평의 긴 창' '자유로운 입면' '옥상정원'이라는 유명한 '근대건축의 다섯 가지 요점'은 하나의 시스템을 가지고 있다. 그런데 이 시스템에서 흥미로운 점은 부분과 전체라는 관점에서 보면 전체성을 지향하는 개념이 아니라 부분의 시스템으로 적용된다는 것이다. 이 개념은 1층, 옥상, 평면, 입면에 적용할 수 있으며 다섯 가지 모두를 사용해야 하는 것도 아니었다. 이 중 어느 하나를 사용할 수도 있고 두 가지를 사용할 수도 있으며 세 가지를 사용해도 된다. 따라서 '근대건축의 다섯 가지 요점'은 부분 설계의 개념이다.

미스는 근대건축에서 또 다른 형식을 시스템으로 완성했다. 미스는 유럽에 있을 때는 바르셀로나 파빌리온과 같이 구조적으로 부조리한 구성에 관심을 두었으나, 미국으로 건너가서는 더욱 합리적이고 통합적인 시스템에 관심을 돌렸다. 코르뷔지에는 초기에 '돔이노'라는 '상자'를 두고 그 안에서 자유롭게 배치하는 건축을 했으나, 미스는 구조와 스킨이라는 새로운 '상자'의 시스템에 더 큰 관심을 두었다.

흔히 미스의 건축 공간인 '유니버설 스페이스universal space'는 이러한 상자를 통합하는 시스템의 다른 이름이었다. 그러나 닫힌 상자파빌리온에 의한 유니버설 스페이스는 구성이 아니라 시스템에서 나왔다. 일리노이공과대학교Illinois Institute of Technology, IIT 대학 캠퍼스 계획에서도 초기 계획에서는 대강의실이나 계단이 단순한 입방체로부터 돌출된다든지 차이를 두는 형태 요소로 취급되었으나, 그 뒤의 계획에서는 '상자'의 볼륨 안에 내포되는 등, 차이를 주는 구성이 아닌 시스템이 전면적으로 적용되었다.

이 시스템에서는 고전건축의 오더가 그랬듯 디테일이 시스템의 원리를 결정했다. 바르셀로나 파빌리온이나 투겐트하트 주택Tugendhat House은 디테일이 완벽하게 보이지만 부분과 전체에서 모순이 있고 논리적으로 비약이 있었다. 그러나 미국으로 자리를 옮기고서는 디테일로부터 부분이 전체를 향해 일관되게 수렴했다.

한편 건축이나 도시를 "사람과 사물과 정보를 종합적으로 다루는 물질적·비물질적 시스템"이라고 정의한다면 많은 사람이 이의를 제기할 것이다. 이는 시스템이라는 말이 입력부와 변환부 그리고 출력부를 통한 통제라는 이미지를 가지고 있기 때문이다. 시스템스 빌딩systems building이란 건물 생산을 위한 공장화 등의 수법으로, 건물 전체를 하나의 시스템으로 파악해 그것을 몇 개의 서브시스템으로 나누며, 다시 그 서브시스템이 몇 개의 부품으로 구성되듯이 단계적으로 시스템을 세워 구축되는 건물을 말한다. 건축에서 시스템이라고 하면 일반적으로 공학의 이미지가 강하다.

시스템은 건물 안의 작은 기계에서 시작하여 도시 전체를 포함하는 토목적인 규모로까지 전개되고 있다. 건설 과정에서 시스템의 제어 기술이 고도화되고 환경을 제어하는 기술이 정밀해짐에 따라 건축은 점차 거대한 시스템으로 바뀌게 될 것이고, 건축설계는 시스템설계와 비슷해질 것이다. 그리고 시스템이 교차하는 지점에서 건축을 바라보는 새로운 유형의 건축가가 출현할 것이다. 그러나 좋은 건축과 좋은 시스템은 근본적으로 다르다. 시스템은 문제 해결을 위한 수단이며, 건축이 지향하는 바는 시스템의 목적과는 다른 차원의 것이다.

자기조직화

자기제작自己制作, autopoiesis[14]은 '스스로를αὐτο–' '산출ποίησις'한다는 뜻의 조어다. 이는 스스로가 스스로를 산출하는 자립성에 생명의 본질적 특성이 있다고 보는 생명론이다. 자동차나 텔레비전과 같은 기계는 그 자체를 유지할 목적으로 생산된 기계가 아니므로 자기제작이 아니다. 그러나 생명에서 보여주는 모든 변화는 그 유기구성을 유지하기 위한 것이므로 오토포이에시스 시스템autopoiesis system이다.

자기제작은 생명은 생명을 구성하는 요소를 재생산하여 생기며 외부로부터 조작되는 것이 아니라고 본다. 생명은 같은 구성요소로만 재생산되는 고유의 과정이 있다고 본다. 곧 세포가 세포를 재생산세포 분열하는 과정은 세포막으로 구획된 유기체라는 시스템을 외부와 구별하는 것에서 생긴다는 것이 중요하다.

그러나 시스템이라고 하여 모든 것을 일사분란하고 똑같이 다루지는 않는다. 이 점에 대해서는 면역계immune system, 신경계nervous system라는 용어로 부분과 전체의 관계를 새로 이해할 필요가 있다. 신경계는 면역계와는 달리 뇌가 지령을 내리고 그것이 전체를 통제하므로 위계적hierarchical이며 확실한 규칙을 가지고 있다. 이에 비해 면역계는 자기와 자기가 아닌 것을 판별하고, 자기가 아닌 것이 안에 침입하지 않도록 자기를 지키는 것이다. 면역계에 이물異物이 들어오면 이 시스템系은 균형을 잃고 이전과는 다른 상태가 된다. 그러나 달리된 상태도 또 다른 시스템이다. 면역계는 명확한 규칙이 없고 오직 인접하는 것과의 규칙이 있을 뿐이다.

이와 같은 신경계와 면역계의 차이에서 알 수 있는 것은 시스템이라도 사람 몸 안에서는 서로 달리 작용하며 일률적으로 통제하는 것이 아니라는 점이다. 마찬가지로 건축에서는 이전처럼 한 번에 통제하는 것이 아니라 인접관계를 통제함으로써 전체에 속하는 서로 다른 방법이 시스템 안에서도 공존할 수 있게 다시 조절하자는 이론의 배경이 된다.

또한 시스템은 자기조직화self-organization한다. 자기조직화란 복잡한 시스템이 자발적으로 짜이는 수법이다. 물 분자는 산소 하나와 수소 두 개가 결합한 아주 단순한 구조다. 그런데 물을 어떤 조건 아래 놓으면 아무도 손을 대지 않았는데도 자연스럽게 육각형의 아름다운 결정이 생긴다. 이처럼 간단한 요소로부터 자발적으로 복잡한 시스템을 짜는 것을 '자기조직화'라고 부른다. 씨앗에서 식물이 성장하는 것이나 인간사회에서 질서가 형성되는 것도 넓은 의미에서 자기조직화로 볼 수 있다.

부분과 단편을 중시하는 현대문화 속에서 건축을 시스템으로 바라본다는 것은 자칫 근대건축의 방식으로 되돌아간다든지, 또는 공학적 접근 방식으로 여기기 쉽다. 그러나 건축이 아무리 부분과 전체에 관해서 여러 지식을 인용한다고 해도 결국은 신경계처럼 전체 속에서 가져야 할 여러 레벨의 시스템이 있는 것에는 변함이 없다. 그렇다고 한다면 건축의 여러 시스템이 장소의 특성이나 고유성의 표현을 방해한다고 단정할 수도 없다.

노먼 포스터Norman Foster가 설계한 스탠스테드 공항Stansted Airport 등에는 공항에 필요한 환경조정기능을 위해 공업 생산의 시스템으로 우산과 같은 건축 요소를 똑같이 반복하여 늘어놓았다. 이 방식은 이미 근대건축이 보여준 부분과 균질한 전체의 관계이며, 이처럼 똑같은 요소를 반복하는 시스템은 선형적 시스템이다.

그런데 비행기는 공기의 힘을 제어한다. 그러나 공항 건물까지 공기의 힘을 제어할 필요는 없다. 그렇지만 공항 건물 전체에 대해서는, 하위 시스템이기는 하지만 눈에 보이지 않는 공기의 흐름이나 공항에서 움직이는 사람들의 흐름을 시각화할 필요는 있다. 이와 같이 기류나 사람이 공항 내부에서 감지하는 시각적인 흐름은 자연현상처럼 확정할 수 없는 비선형적 시스템이다. 시스템은 언제나 같은 요소를 단조롭게 되풀이하는 오픈 시스템과 같은 것만은 아니다. 파라미터parameter가 집단적인 거동을 통해 기류의 흐름을 형태로 만들 수 있다는 가능성을 넓혀갈 수 있다. 자기조직화 시스템은 마치 면역계에 다른 조건이 침입하면 한 시스템이 다른 시스템으로 변하는 것과 같다. 이처럼 확정된 규칙을 갖지 않고 인접하는 조건으로 또 다른 하위 시스템을 만들 수 있다는 생각은 건축에서 부분과 전체를 달리 생각할 수 있는 좋은 이론적 배경이 된다.

인테그레이션

인테그레이션integration은 통합, 융합, 일체화, 집적 등 서로 다른 여러 요소를 조합하여 하나로 만들거나 일체로 기능하도록 조정하는 것을 뜻한다. 분야마다 부르는 말이 다르지만, IT 분야에서는 컴퓨터나 소프트웨어, 네트워크를 조합하여 일체화하고 목적을 달성하기 위한 정보 시스템을 구축하는 것을 '시스템 인테그레이션SI:System Integration'이라고 하고 이를 줄여서 '인테그레이션'이라고 부른다. 교육에서는 분리된 교과나 교재 등을 통합하여 지도하는 것을 말한다. 수학에서는 적분을 뜻한다. 통합한다고 하면 위에서 내려다보며 아래에 있는 것을 합쳐간다는 이미지가 먼저 떠오른다. 그런데 건축을 둘러싸고 있는 여러 요소를 대등하게 여기며 이를 통합하면 이것은 위계적인 통합이 아니다.

20세기 근대건축에서는 인테그레이션을 추구하지 않았다. 근대건축은 통합이 아니라 정반대로 기능의 분화를 목적으로 삼았으며 전문 분야도 세분화되었다. 코르뷔지에의 사보아 주택에서 수평으로 긴 창처럼 벽체는 구조체로부터 해방되었고, 그 역할은 따로 분리되어 표면, 표층의 역할을 하였다. 구조체인 기둥은 전면에서 물러나고 벽체와 구조체는 분리되었다. 근대건축은 벽체를 가볍게 하여 비내력벽으로 만들었다고 하지만 내부 환경을 조절하려면 벽체에 단열재를 넣어야 했다. 근대건축 이전에는 돌이나 흙으로 만든 두꺼운 벽이 구조에는 불리했지만 내부 환경에는 직접적인 영향을 주었다. 그러나 근대건축에서는 내부 공간을 시원하고 따뜻하게 해주려고 독립된 환경설비 분야가 생겼다. 건물의 요소가 분화되고 전문 분야도 분화되었다.

하이테크 건축은 볼트와 너트나 배관을 밖으로 내보이며 기술적인 외관을 갖게 한다는 비판을 받았듯이, 기술적인 요소를 건축의 외부에 따로 떼어 표현했다. 그리고 모든 것에 공업제품의 외관을 만들고자 했다. 그래서 건축물의 기술적이며 기능적인 요소를 두드러진 형태로 규칙적으로 배열한다든지, 프리패브prefabriction 부재를 사용하거나 유리벽과 철골 프레임을 분절해 표현했다.

퐁피두 센터Centre Pompidou는 건물 내부에 숨어 있던 공기조화 덕트duct를 외부에서 보이게 했고 에스컬레이터가 들어간 튜브를 노출했다. 덕트는 덕트이고 에스컬레이터는 에스컬레이터의 기능만을 하고 있다. 홍콩 상하이 은행Hong Kong and Shanghai Bank에서는 건물의 각 요소가 질서 정연하게 구성되어 있다. 그러나 구조체라는 역할 이외의 다른 기능을 갖지 않는다. 이처럼 구조와 설비 등의 요소도 그것에 대한 개별적인 연구와 기술 개발만큼이나 뚜렷하게 분리되어 있었다.

유리를 자중이나 외력을 지지하는 투명한 구조체로 만들면 유리의 투명함과 지지구조체가 통합되어 프레임이 없는 유리 파사드를 만들 수 있게 된다. 이렇게 유리와 지지구조체가 일체화되려면 건축설계자와 구조기술자의 협업을 통해 유리를 고정하는 다양한 유리 엔지니어링 기술이 필요하다. 유리를 지지하는 구조부재에 케이블이나 로드를 사용하여 구조체를 강화할 수 있으며 풍하중에 대한 인장재가 될 수 있게 한다.

구조체와 축열냉난방도 통합할 수 있다. 열전도율이 높은 알루미늄에 열을 순환시켜서 적은 에너지로 실내온도를 균일하게 한다든지, 구조체 내부 공간을 설비 공간으로 활용하여 구조체와 복사냉난방 장치와 기능을 부가하고, 여기에 LED 조명 기구를 구조체와 일체로 만들기도 한다. 이렇게 하여 일정한 유니트를 주요 구조, 태양열 집열, 가구 등과 결합한 기술로 바꾸고 있다.

이와 같이 근대건축처럼 기능과 분야를 분리하는 것이 아니라, 분절했던 의장, 구조, 설비를 통합함으로써 어떤 부분이 표층이자 구조, 환경 제어 설비가 되게 하는 것은 오늘날의 부분과 전체를 통합하는 방식의 새로운 측면이다. 여기에 건축 요소가 정보의 단말기가 되어 통합된다면, 건축이 도시 안에서 정보 단말기가 되는 기술상의 변화도 크게 일어날 것이다. 건축에서 부분과 전체가 어떤 관계에 있는가를 배우기 위해서는 이런 분야에까지 사고가 확대되어야 한다.

2장

전체에서 부분으로

건축이란 근본적으로 부분을 모아 질서를 세우고 전체를 만드는 것이고, 건축설계란 외적 조건에 대하여 형태의 크기와 치수를 결정하는 행위다.

전체의 발상

토속적인 주거를 보면 아주 허름한 집인데도 우주에 대응하며 사는 집이 많다. 이런 집의 지붕을 받치는 중앙 기둥은 하늘에 닿은 기둥이다. 좁은 방이지만 방위가 배당되어 그 위치에 고유한 의미를 주었다. 작은 집이지만 작은 세계를 담고 있다. 로마의 판테온도 이런 생각을 확장한 것이다. 지붕에 뚫린 커다란 구멍 사이로 들어오는 빛은 태양이며, 그 주변 천장은 태양이 방사하는 빛이다. 원형 평면에는 만신이 배치된다. 토속 주택과 판테온은 규모에서는 비교도 안되지만 부분이 더 큰 전체를 담는다는 점에서 같다.

지리학자 이푸 투안Yi-Fu Tuan도 『공간과 장소Space and place』에서 이와 비슷하게 '부분'이 지니고 있는 힘을 강조했다. "부분이란 전체의 축소판이 아니며 전체와 같은 본질을 가진 것이 아니다. 그렇지만 신화적 사고에서 부분은 전체를 상징하고, 전체가 가진 힘을 모두 가질 수 있다. …… 작은 것은 큰 것을 비춘다. …… 건축적 공간집, 신전, 도시은 산이나 강이라는 자연 지형에는 없는 명료한 작은 우주다."[15] 이렇게 인간은 우주이며 건축도 우주다.

그리스어로 우주인 '코스모스cosmos'는 "아름답게 배치된 질서"라는 뜻이다. 그래서 코스모스인 우주를 다루는 학문을 '코스몰로지cosmology'라고 한다. 코스몰로지는 전체인 우주와 세상에 다른 부분을 어떻게 조응시키는가 하는 데 관심을 두었다. 그리고 세계는 질서 잡힌 것이므로 모든 것은 질서 아래 아름답게 배치되어야 한다고 보았다.

이런 논리에서 위에 있는 세계와 아래에 있는 세계가 서로 비슷한 모양으로 대응되어야 한다든지, 대우주가 훨씬 작은 우주에 응축된다고 여기게 되었다. 그렇게 하여 작은 원은 우주 전체를 보여준다. 몸은 대우주cosmos이고, 발의 아주 작은 부분은 몸 전체를 반영한 소우주microcosmos가 된다. 발의 각 부분이 신체의 각 부위와 이어져 있어, 발의 어느 부분을 누르면 신체의 어떤 부위에 걸린 병을 고친다고 보았다.

요한 볼프강 폰 괴테Johann Wolfgang von Goethe는 부분과 전체에 대한 고전적인 태도를 전체는 부분의 합이라며 어느 서신에 이렇게 썼다. "하나는 언제나 전체를 위해서 존재하고, 전체도 하나를 위해서 존재한다네. 왜냐하면 그 하나가 바로 전체이기 때문이지." 아리스토텔레스는 부분을 깨진 것, 파편이라고 불렀다. 부분은 전체와 비교하면 열등한 것이고 단편이어서 전체 속에 들어가야 제구실을 할 수 있기 때문이다. 고전건축을 이루는 여러 부분도 하나의 전체를 형성하는 단편이다. 유럽의 중세 시대에도 이것은 그대로 적용되었으며 오랫동안 건축에서는 전체가 부분보다 우월하다고 여겼다.

고전건축이나 예술에서 형식이 강조된 것도 전체가 부분에 우선한다는 사고에 바탕을 둔 것이다. 아리스토텔레스는 사물이나 생물의 본질이 무엇인가를 나타내는 모습이라고 생각하고, 사물의 여러 부분을 하나로 통일하는 것을 형상形相이라고 불렀다. 형식形式은 형상形相에 대응하는 다른 말이다. 그렇다고 오늘날에는 형상이나 형식이 의미가 없다고 생각해서는 안 된다. 단지 부분과 전체를 어떻게 생각하는가에 따라 형식의 내용과 의미가 전혀 다르게 나타난다는 것에 주목하는 것이 더 중요하다.

심메트리아와 비례

비례와 오더

심메트리아

건축물에는 반드시 구체적인 크기가 있다. 따라서 머릿속에 생각한 바를 현실의 건물로 재현하려면 부위와 부재의 재료가 무엇이고 모양과 크기가 얼마인지 정해야 한다. 그런데 고대 그리스 사람들은 일정한 단위를 반복하여 건축물을 만들면 자신이 모순되지 않는다고 보았다.[16] 그래서 건축에서 조화는 그것을 구성하는 부분 간의 양적인 관계, 각 부분과 전체의 양적인 치수 관계에서 얻어졌다. 이를 위해 부분을 전체에 질서 있게 구축하려면 동일한 작은 부분을 반복하여 격자 패턴 안에 위치시킨다. 이런 양적인 치수의 비례관계가 바로 심메트리아symmetria다.

심메트리아란 공통의 일정한 양으로 '함께sym' '재는 것metria'이다. '함께' '잰다'함은 사물의 전체 또는 부분을 일정한 공통의 양으로 잴 수 있는 것을 말한다. 바꾸어 말하면 전체가 일정한 양으로 완전히 나뉘는 것을 뜻한다. 따라서 심메트리아는 여러 부분의 적절한 비比를 뜻하기도 한다.

오늘날 우리는 심메트리를 좌우대칭으로 알고 있지만, 이는 여러 심메트리아의 한 가지에 지나지 않는다. 심메트리아는 수적數的인 질서 원리이며 양으로 정하는 개념이었다. 물론 이 심메트리아는 건축에만 적용되는 원리가 아니라 사물, 천체, 인체 등 모든 존재자에 대하여 요구되는 원리였다. 그래서 고대 그리스에서 건축은 질서taxis를 알고 이를 심메트리아라는 원리로 양을 잴 줄 아는 장인의 기술이었다.

이때 흥미로운 또 다른 개념은 에우리트미아eurythmia다.[17] 이것은 '좋다, 즐겁다eu'와 '비례와 리듬rhuthmos'이라는 말을 합쳐 만들었는데 '즐거운 리듬'이라는 뜻이다. 에우리트미아는 시각을 통해 감득되는 아름다운 모습에 대한 원리인데, 각 부분이 심메트리아에 적합하면서도 그 배치가 리드미컬하게 보이는 것이다.

오르디나티오ordinatio, 심메트리아 그리고 에우리트미아는 똑같은 미적 현상에 대한 서로 다른 측면이다. 오르디나티오는 원리이고, 심메트리아는 그 원리가 적용된 결과이며, 그 건물의 아름다움을 객관적으로 평가하는 것이다. 따라서 건물의 경험과는 어느 정도 거리가 있다. 그런데 에우리트미아는 심메트리아를 보는 사람에게 일어나는 즐거운 감정에 대한 효과다. 곧 개인의 감각과 경험이 건물에 작용하는 것이다. 고대 그리스 건축을 배울 때 엔터시스의 시각 보정은 에우리트미아에 의한 것이다.

기하학적 대칭성이란 대상의 기하학적 성질에만 영향을 주는 기하학적 변화에 관한 대칭성을 말한다. 이것을 조금 더 쉬운

말로 표현하면, 도형을 움직여서 본래의 위치에 있던 도형과 구별되지 않을 때, 그 대상은 변환에 대하여 '대칭적symmetrical'이라고 말한다. 수학에서 대칭symmerty은 공통의 일정한 양으로 '함께' '재는 것'이라는 정의를 따르면, 일상적으로 많이 보는 기하학적 대칭성에서 군론群論에 이르기까지 다양하게 전개된다. 그래서 대칭성이라는 용어는 두 가지 의미로 사용된다. 하나는 대칭 또는 좌우대칭이라고 일반적으로 번역되는 개념이고, 다른 하나는 조화와 균형이라는 미적 형식의 개념이다.

수학에서 평면 위의 대칭변환에는 병진竝進, translation, 회전回轉, rotation, 반사反射, reflection 등 세 가지가 있다. 같은 평면 위에서 본래의 것과 겹치지 않게 움직여서 반복을 일으키는 '병진', 하나의 점을 조정하고 복사한 도형을 움직여서 본래의 도형과 같아지는 '회전', 거울과 같은 하나의 축을 통해 두 개의 도형이 같아지며 좌우대칭을 일으키는 '반사'가 있다.

이 세 가지 중 병진 대칭은 코르뷔지에의 페삭Pessac 주택단지의 테라스 주택과 연립주택 등의 계획에 잘 나타난다. 특히 미국 건축가 프랭크 로이드 라이트Frank Lloyd Wright의 세인트 막스인 더 바우어리 아파트St. Mark's in the Bouwerie, 시카고 아파트Chicago apartments, 크리스털 하이츠 호텔Crystal Heights Hotel, 프라이스 타워Price Company Towers[18]는 모두 대칭으로 기하학적 변환을 한 것이다.

그러나 심메트리아는 본래부터 좌우대칭을 직접 뜻하는 개념이 아니며 이보다 훨씬 넓은 것을 뜻했다. 물론 좌우대칭도 축을 중심으로 좌우의 거리가 같은 것으로 '함께' '잴' 수 있기 때문에 심메트리아의 하나다. 그렇지만 심메트리아가 심메트리symmetry가 되고 이것이 '좌우대칭'으로 바뀐 것은 한참 후의 일이다. 수학에서 말하는 상칭적相稱的 심메트리bilateral symmetry는 중심축을 특히 강조하지 않는 좌우대칭이며, 축성軸性 심메트리axial symmetry가 중심축이 특히 강조된 좌우대칭이다.

오더와 기둥 간격

고전건축의 문법인 '오더order'란 원기둥 아랫부분의 지름또는 반지름을 기본 단위로 하는 원기둥과 보 등의 치수 관계를 규정하는 구성법이다. 오더에는 투스카나식, 도리아식, 이오니아식, 코린트식, 콤포지트식 등 다섯 개가 알려져 있다. 이 이름에서 '–식'은 서로 다른 비례 체계라는 말이다.

오더는 기둥의 주초柱礎, 주신柱身, 주두柱頭와 그 위에 놓이는 엔타블레이처entablature, 아키트레이브architrave, 프리즈frieze, 코니스cornice의 각 부분의 형식, 장식, 비례를 결정해간다. 이와 같이 기둥의 각 부분이 원기둥 아랫부분의 지름을 기준으로 하는 비례 시스템이어서 '주범柱範'이라고 번역하기도 하지만, '질서'라고 말하지 않고 그대로 '오더'라고 부른다.

심메트리아란 '함께' '재는 것'이므로 '함께 '재려면' '일정한 양'을 기준으로 삼아야 한다. 이런 기준이 되는 일정한 양을 '모듈루스modulus'라고 한다. 모듈루스는 미리 정해져 있는 치수가 아니라 지어야 할 건물의 원기둥 아랫부분의 지름을 말하므로 그때마다 달리 정해진다. 원기둥 아랫부분의 지름을 기본 단위로 하여 모자라지도 않고 남지도 않게 딱 떨어지는 정수비의 관계를 가지게 하는 것이 심메트리아다.

미술책에서 '오더'를 설명할 때 각각의 주두 모양을 보여주면서 이것을 도리아식, 이오니아식, 코린트식이라고 한다고 잘못 설명한 것이다. 도리아식, 이오니아식, 코린트식이란 정확하게는 도리아식 오더, 이오니아식 오더, 코린트식 오더이며 각각의 비례 체계가 다르다. 그것이 건물 전체에 주는 성격과 의미가 달라서 저마다 간결하거나 우아하고 화려한 특징을 보인다.

'오더'는 주초에서 코니스까지의 수직 방향의 비례다. 이때 수평 방향의 수치를 정하는 것이 기둥과 기둥 사이의 간격, 곧 '기둥 간격intercolumniation'이다. 기둥 간격에는 기둥을 조밀하게 세우는 방법과 성글게 세우는 방법 등 몇 가지 종류가 있다. 기둥과 기둥 사이의 간격을 기둥 아랫부분의 반지름M, modulus으로 표시하면 밀주식密柱式, pycnostyle은 3M, 집주식集柱式, systyle은 4M, 정주식正柱式, eustyle은 4와 1/2M, 격주식隔柱式, diastyle은 6M, 소주식疎柱式, araeostyle은 8M이다. 그리고 건물의 형식과 규모에 따라서 신전인 경우 정면의 기둥 수에는 4주식四柱式, tetrastyle, 8주식八柱式, octastyle 등이 있다. 여기에 신전 주위를 기둥으로 두르는 방식으로는 정면에만 기둥을 두르는 전주식前柱式, prostye, 주변에 독립기둥만 두르는 주익식柱翼式, peripteral 등의 형식이 있다.

우리는 비례에 대해서는 많이 들어왔다. 그러나 아주 먼 옛날에 많이 쓰였다고 아는 정도지 그들이 비례를 왜 중요하게 여겼는가에 대한 이유는 잘 모른다. '함께' '재는 것'이 가능하려면 재료가 같아야 한다. 고대 그리스에서는 돌이라는 한 가지 재료로 건축을 하였으므로 이러한 원리를 적용할 수 있었다. 그들이 건축을 할 때는 건축가가 도면을 그려 시공자에게 넘기지 않았기 때문에, 시공하는 석공들에게 서로 달리 깎은 부재를 질서 있게 쌓게 하려면 수에 따른 크기와, 부재와 부재 사이의 비례 관계를 정확하고 아주 쉽게 정리해서 지시해야 통솔할 수 있었다. 수많은 재료를 사용하는 오늘날의 건축에서는 이러한 원리가 불가능하며 큰 의미를 지닐 수 없다.

건축가가 "도리아식에 의한 주익식 신전으로 기둥 간격은 정주식"이라고 말하면 거의 모든 설계는 끝난 것이다. 건축가가 할 일은 1M을 어떤 길이로 주는가다. 옛날에는 센티미터라는 단위가 없었지만 이것을 이를테면 30센티미터로 줄 것인지, 34.45센티미터로 줄 것인지는 건축가의 책임이다. 이것으로 건물의 규모, 형식, 장식뿐 아니라 공사비까지 거의 결정된다. 말이 쉽지 건축가가 이 1M을 정해서 시공자에게 지시하려면 사전에 얼마나 많은 것을 궁리하고 계산했어야 하는가를 상상해볼 수 있다. 나머지는 말로 정해진다. 전체를 먼저 두고 그 안에서 부분을 만들어간다는 건축 방법을 오늘날에는 위계적이고 전체적이라고 비판할 수 있을 것이다. 그러나 고대 그리스 건축이 비례를 그렇게도 강조한 데에는 다른 예술에서는 생각할 수 없는 합리성에 근거한 것임을 이해해야 한다.

비례

전체의 질서

비례는 건축 이외의 다른 디자인에서도 많이 사용되고 있으며 건축을 하지 않는 사람도 많이 알고 있다. 그러나 그 본뜻을 잘 이해하고 있지는 못하는 듯하다. 우선 비례를 '아름다운' 물체의 수단이나 비법처럼 생각하는 경우가 많은데, 건축의 비례는 그런 것이 아니다. 단순한 디자인에서는 가로와 세로의 비 정도로 이해해도 아무런 지장이 없다. 그러나 건축에서 비례는 수많은 부분을 질서 있게 합해 어떻게 전체로 만들어갈 것인가에 대한 오랜 사고였음에 주목해야 한다.

건축은 구성이 복잡하다. 기둥이나 벽처럼 물체로 되어 있는 것도 있고, 방처럼 공간으로 되어 있는 것도 있다. 건물은 혼자 어디에 따로 있는 것이 아니어서 늘 주변의 다른 건물이나 자연의 물체와 함께 놓이게 된다. 따라서 비례의 첫 번째 목적은 건물을 시각 경험 속에서 대상을 구성하는 여러 요소로 합리적인 질서를 이루게 하려는 데 있다. 건축에서 공간이나 형태는 산술적 속성과 기하학적 속성을 갖추고 있어서 건물 각 부분의 양적인 관계를 정해야 한다. 건축에서는 이러한 성질 때문에 비례가 치수, 형태의 척도 스케일, 공간에 대한 지각이나 인지와 깊은 관계가 있다.

비례는 기준으로 재는 것이다. 기준을 '메저measure'라고 하는데, 서양에서 기준이라는 관념은 세계를 이해하고 생활양식을 형성하는 데 중요한 역할을 했다. 고대 그리스에서는 만물을 각각 본래의 적절한 기준 속에 두는 것이 좋은 생활을 위한 기본 조건의 하나라고 여겼다. 현대 의학을 '메디슨medicine'이라고 하는데, 이 말은 치료한다는 뜻의 라틴어 '메데리mederi'에서 나왔으며 '측정하다'의 어원이기도 하다. 이것은 육체의 각 부분이나 과정에 관한 올바른 내적 기준에 적합한 상태가 육체의 건강이라고 생각했기 때문이다.

건축에서는 기준을 비례proportion나 비比, ratio로 표현한다. 이때 비比는 이성reason의 어원이 된 라틴어다. 흔히 건축에서는 비례나 비를 수량적인 것으로만 생각하지만, 이보다는 더 일반적이었다. 고대에는 이성이란 비나 비례의 총체성에 대한 통찰이었다. 비比란 A:B라는 두 수의 관계이지만, 비례比例란 A:B=C:D=E:F처럼 두 양의 비가 다른 비와 같을 때를 말한다. 비례는 이처럼 수와 수 또는 도형의 여러 속성 사이의 양적 관계다. 그러나 이 비례는 반드시 수와 양에 관한 것만은 아니다. 건축 이론과 유추 그리고 a:b=b:c 라는 비례중항에서 설명한 것과 같은 논리의 전개에도 적용된다.

건축에서 비례는 산술적으로, 또는 기하학적으로 변화되어 고전적인 미를 위한 도구가 되었다. 그래서 건축 비례의 체계에는 두 가지가 있다. 하나는 모든 부분의 관계를 하나의 단위의 배수倍數가 되게 하는 단위의 가산 방법E법, emprical이고, 다른 하나는 전체를 기준으로 하여 부분을 전체의 분수分數로 위치시키며 질서를 발견해가는 전체의 분할 방법H법, harmonic이다. 그리고 이 각각에 다시 기하학적 방법으로 직접 작도하여 같은 형태를 반복하는 것G법, geometrical이 있는데, 이 경우에는 도형의 비례가 나뉘어 떨어지지 않는다incommeasurable. 또 다른 하나는 같은 형태의 반복을 계산하는 것A법, analytical이다. 이때는 반복하여 계산하였으므로 완전히 나뉘어 떨어진다commeasurable. 그래서 G-E, G-H, A-E, A-H 등 모두 네 가지 방법이 생긴다.

그러나 현대건축에서 비례는 중심의 위치에 있지 않으며, 비례의 상징적인 의미는 사라진 지 오래다. 비례란 건축에 일관성을 주기 위한 것이지만 이것이 적용되기에는 용도가 매우 다양하고 재료도 각양각색이므로 그 안에서 공통의 비례를 공유하며 설계한다는 것은 의미를 가질 수 없다. 더구나 르네상스 건축가처럼 비례를 통하여 건축물이 우주의 질서와 일치한다고 생각하는 사람은 오늘날 거의 없을 것이다. 비례란 공통적인 세계관이 있어야 성립되는 것이어서 개인의 수법을 우선시하는 건축관에서는 비례가 존중받기 어렵다.

그렇다면 건축을 공부하면서 왜 비례를 이해하고 배워야 하는가? 비례는 오늘날에는 많은 의미를 잃었지만 그 시대의 크기와 길이에 대한 양의 관계를 객관적으로 규정하는 개념이었다. 이에 대해 건축이란 근본적으로 부분을 모아 질서를 세우고 전체를 만드는 것이고, 건축설계란 외적인 조건에 대하여 형태의 크기와 치수를 결정하는 행위라는 사실에는 변함이 없다. 이러한 사실을 비례라는 개념으로 배우는 것이지, 비례를 말하고 설명한다고 해서 건축물을 오늘날에도 비례로 지어야 의미가 있다는 뜻은 아니다. 근대건축에서 비례를 그렇게 중요하게 여겼던 코르뷔지에도 "비례 관계는 가변적이고 잡다하고 무수하다"고 여길 정도였다.

인체 비례

어떤 부분을 한 기준 단위로 하고 전체를 그 비로 완성하는 방식인 건축의 비례는 우주의 질서로 해석되었는데, 이런 관점은 피타고라스나 플라톤까지 거슬러 올라간다. 플라톤에 와서 비례는 미와 이어지고, 다시 윤리적으로 선의 문제와도 관련되었다. 이탈리아 르네상스에서 비례 이론은 형이상학적인 근본 원리이며, 미를 실현하기 위한 합리적인 기반이 된다고 생각했다. 건축에서는 특히 레온 바티스타 알베르티Leon Battista Alberti가 비트루비우스의 인체 비례와 건축물의 비례를 동일하게 여김으로써 인체를 건축에 적용하는 것을 부활시켰다. 곧 비례는 단지 추상적인 규범이 아니라 신의 모습을 모방하여 만들어진 인간이라는 인식을 바탕으로, 대우주와 소우주의 조화를 결정짓는다고 해석한 것이다. 그래서 비례의 기준은 인체 또는 기하학에 근거했다.

고대의 비례 중에서 수수께끼 같은 것이 '비트루비우스의 인체비례론'이다. 또 여기에 플라톤은 우주의 혼이 인체를 지배한다고 보았다. 이에 따라 비트루비우스는 인체의 비례가 완전히 조화를 이루고 있으며, 건장한 사람이 손과 발을 뻗으면 배꼽을 중심으로 가장 완전한 기하학적 형태인 원과 정사각형과 일치한다고 주장했다. 그렇지만 그는 글로만 설명했지 도형을 그리지는 않았으므로, 르네상스에 들어와 그의 『건축십서』를 가장 강력한 전거로 삼아 건축설계 이론을 펼쳤을 때, 여러 사람이 비트루비우스적 인체를 문장에서 해석하여 이를 그림으로 그려냈다. 그중에서 가장 유명한 것은 레오나르도 다 빈치Leonardo da Vinci의 것이다. 그러나 여러 사람이 이를 그렸으나 그린 사람마다 모양이 다랐다.

이렇게 사람의 몸에서 원과 정사각형이 나온다. 원은 완결된 형태이지만, 정사각형은 연속함으로써 바둑판 모양의 격자가 생긴다. 이 바둑판 모양의 격자가 수직 방향으로 전개되면 정육면체의 격자가 생기고, 건축이 세워지는 바탕이 된다. 이때 기본이 되는 것은 정사각형이 아니라 정육면체이지만, 정육입면체를 만드는 것은 정사각형이었으므로 정사각형이 중시되었다.

비례에서도 기하학적 비례를 신성하게 여겼다. 그중에서도 가로와 세로가 황금비golden ratio를 이루는 황금장방형golden rectangle은 정사각형과 대수나선對數螺旋이라는 두 형태적 속성을 갖는다. 황금장방형에서는 긴 변과 짧은 변의 비가, 짧은 변과 '긴 변에서 짧은 변을 뺀 것'의 비와 같게 된다. 이렇게 황금장방형으로 나누는 것을 황금분할이라고 한다. 그런데 짧은 변과 '긴 변에서 짧은 변을 뺀 것'은 결국 정사각형이다. 황금분할법에 따라 작도해가면 정사각형을 근거로 가로와 세로의 비가 똑같은 더욱 작은 사각형으로 무한히 분할되기 때문에 신비한 것으로 여겨졌다. 황금비는 1.61803398875⋯=Φ라고 하는 나눠지 않는 수가 된다. 황금비에는 무한 소수가 나오므로 이와 근사한 3:5 라든지, 5:8 사각형을 사용하기도 한다. 따라서 황금장방형은 정사각형을 무한히 생성하는 사각형이라는 점에서 신비하게 여겨졌다.

대수나선은 어떤 직사각형 안에서 정사각형을 무한히 반복하여 생성할 때, 그 정사각형의 한 변을 반지름으로 하여 그린 1/4 원호를 연속시킨 나선이다. 이러한 고대의 생각은 중세에도 계속되었다. 특히 황금비는 신에게 받은 비례로 신성시되었는데, 원둘레를 10등분하여 황금비를 만들어내는 평면분할법은 고딕 성당의 평면, 입면, 단면에 다양하게 사용되기도 했다.

이와 같이 플라톤의 논의가 의미하는 바는 비례와 정다면체의 기하학 그리고 물질이 함께 관계를 맺고 있다는 점이다. 이런 이유에서 기하학과 비례가 건축물을 만드는 이론으로 자리 잡게 되었다. 또 여기에 인체가 우주의 비례를 담고 있다는 이유로 비례, 기하학, 신체가 서로 얽혀서 물질인 건축물을 만든 가장 중요한 이론이 되었다.

비례와 음악

고대 그리스 건축의 이론은 비례에서 출발했다. 그리고 비례의 근거가 된 것은 음악이었다. 비례는 음악적인 조화로도 이어져 대우주와 소우주의 융합을 가능하게 하는 신화적, 점성술적 또는 형이상학적인 이론이기도 했다. 피타고라스는 간단한 정수비로 현을 분할하면 화음이 생긴다는 것을 발견했다. 현을 그대로 뜯는 경우와, 현의 한가운데를 누르고 나머지 반의 길이로 현을 뜯으면 길이가 1:2가 되고 여기서 나는 소리는 1옥타브 달라진다. 모든 현악기는 이런 비례로 음정을 만든다. 음의 관계가 길이의 관계로 바뀌는 것이다. 서구 사람들은 이 단순한 물리 현상을 통해 단순한 비례가 아름다운 화음을 낸다는 것에 감탄하고 신비를 느끼기까지 했다. 『건축십서』에서 비트루비우스는 기둥의 비례를 인체와 함께 설명했지만 그렇다고 음악의 비례와 연결시키지는 않았다. 그러나 후세의 건축가에게 지대한 영향을 미쳤다.

1436년 3월 25일 피렌체의 산타 마리아 델 피오레 대성당Santa Maria del Fiore의 헌당식이 있었다. 성당의 이름 그대로 르네상스 건축의 시작이라고 여겨지는 꽃의 대성당이었다. 이 헌당식에서 기욤 뒤페Guillaume Dufay의 〈장미꽃은 새로 피어나고Nuper rosarum flores〉[19]라는 곡이 연주되었다. 이 헌정곡은 르네상스의 음악을 여는 중요한 곡으로 평가되고 있다.

음악학 연구가 찰스 워런Charles Warren은 뒤페의 곡을 분석하면서, 6:4:2:3으로 된 악곡의 구성비가 대성당의 각 부분의 비례에 맞춰 작곡된 것임을 밝혔다.[20] 이 노래는 네 파트로 구성돼 있는데, 각각의 박자 수는 168:112:56:84=6:4:2:3이 되다. 또

산타 마리아 델 피오레 대성당의 팔각형 돔에 내접하는 정방형을 공간의 기본 단위로 하면 회중석은 그것의 세 개, 수랑袖廊은 그것의 두 개, 반원제단앱스은 한 개, 돔의 높이 방향은 1.5배의 크기를 갖는다고 한다. 그래서 이 길이의 비는 6 : 4 : 2 : 3이 된다. 비트루비우스의 비례는 음악이 건축에 영향을 주었으나, 산타 마리아 델 피오레 대성당에서는 르네상스의 건축물 비례가 음악사의 르네상스를 이룬 뒤페에 영향을 미쳤다.

지표선

'지표선指標線, les tracés régulateurs, 또는 규준선'은 체계화된 것은 아니지만 타이포그래피, 회화, 건축 입면 등 여러 조형물의 면을 분절하고 질서를 주기 위해 일종의 보조선으로 사용되었다. 지표선은 누구나 느끼는 형태의 기하학을 결정짓는 선이라기보다는 형태 기하학의 배후에 있는 질서를 조정하는 것이다.

코르뷔지에는 근대건축가 중에서 비례 이론을 가장 중요하게 여겼고 심지어는 스스로 독자적인 비례 이론인 모뒬로르Modulor를 제창한 건축가였다. 이런 사실 하나만으로도 그는 근대건축을 대표할 수 없는 사람이었다. 당시의 아방가르드들이 보기에 근대주의 건축가가 고전의 비례 이론에 집착한다는 것은 생각할 수 없는 퇴행이었다. 기하학이라고는 하나, 초기에는 선택된 도형, 선택된 직각만이 더 우월한 의미를 가졌다. 그는 『프레시종』에서 브르타뉴 해안에서 있었던 일을 묘사하며, 해변가에 우연히 놓인 돌이라도 땅인 수평선과 구축물인 수직성이 결합한 것이기 때문에 직각은 건축의 근원적 성격을 드러낸다고 여겼다.

코르뷔지에는 책상 위에 놓였던 미켈란젤로의 캄피돌리오 엽서를 보고 그 입면에 그려 넣은 두 개의 선이 직각을 이루고 있었다는 점을 발견하고는 몹시 기뻤다고 한다. 그렇지만 이것은 그가 창안한 것이 아니라, 오귀스트 슈아지Auguste Choisy의 『건축사Histoire de l'architecture』 등에 그려진 도면을 보고 배운 것이다. 이러한 직각의 우월성을 전제로 한 예가 '지표선'이다. 지표선은 어떤 도형의 특징적인 윤곽을 잇는 직선과 그것에 직교하는 또 다른 직선으로 형태를 결정하며, 구체적인 형태의 크기와 윤곽을 기하학적인 방식으로 '측정하는' 방법을 말한다.

그러나 이 지표선은 눈에 보이는 것이 아닌데도 코르뷔지에는 이렇게 결정된 기하학은 투명한 이성에서 비롯된 것이어서 정신에 만족을 준다고 믿었다. "지표선 …… 건축의 숙명적인 탄생에 대하여. 질서의 의무, 지표선은 함부로 하지 않게 하기 위한 보증이다. 정신의 만족을 준다. 지표선은 하나의 수단이며 처방이 아니다. 그것을 선택하는 방법도 표현되는 방법도 건축의 창작과 일체를 이룬다."[21] 어떤 지표선을 사용할 것인가가 곧 건축을 창작으로 이끄는 것이다.

'지표선'의 대표적인 예는 바이센호프 주택단지Weissenhof Housing Estate, 라 로슈 주택Villa La Roche•과 가르슈 주택Villa Garche에서 그가 직접 분석해 보인 파사드의 지표선이다. 바이센호프 주택의 입면에서는 필로티의 윗부분에 그은 대각선 1에 대하여 이에 직교하는 대각선 2로 파라펫parapet의 아랫선을 정했다. 그리고 대각선 1에 직교하는 대각선 3과 4가 창의 크기와 형상을 정했다. 라 로슈 주택에서는 '투명한 기하학'이 입면뿐 아니라 평면도 아울러 결정한다. 이 입면도의 지표선을 평면 위에 겹쳐놓으면, 똑같은 기하학적 질서가 평면의 크기와 윤곽을 결정하고 있음을 알 수 있다.[22] 평면을 결정하는 주요선은 3분할된다. 본체의 깊이와 갤러리의 만곡된 면의 주요 폭과 같아서, 전체는 여섯 개의 정사각형으로 분할된다. 입면의 지표선 A는 평면 오른쪽 앞으로 돌출된 부분의 대각선이다. 그리고 지표선 B는 이 대각선과 직교하여 계단실의 계단참에 연결되며, 이는 각각 입면의 지표선과 평행하다. 마찬가지로 지표선 D와 E는 각각 평면 홀 부분의 대각선과 홀을 포함한 전시실이 이루는 사각형의 대각선과 평행하다.

가르슈 주택에서는 정해진 지표선만 사용되고 주요 요소가 밀접하게 관련된다. 지표선은 전체 윤곽과 발코니와 개구부 크기와 비례를 정하는 데 사용됐다. 이것은 전체 형태가 단순한 데다가 건축사가 콜린 로Colin Lowe가 지적했듯이 골조 자체가 남북 입면에서 2:1:2:1:2라는 단순한 비례로 되어 있는 것과 관계가 있다. 남북 입면은 황금비로 되어 있는데, 이것은 건축가 자신이 도면과 함께 분석해 보였다.

루이스 칸의 5:3 사각형

이상한 비교라 생각할지 모르지만 모니터의 표준화면에서 다양한 비율이 검토되었다. 1.25 : 1 5:4, 1.33 : 1 4:3, 1.41 : 1, 1.5 : 1 3:2, 1.6 : 1 8:5, 1.618 : 1 16:10, 1.66 : 1 5:3, 1.77 : 1 16:9, 1.85 : 1, 2.39 : 1 21:9 등이 그것이다.[23] 그중에는 성공한 것도 있고, 지금 많이 쓰고 있는 비율도 있는데, 모니터에는 더욱 효율적인 가로와 세로의 비가 있다. 그렇다면 건축 평면에서 방에도 더욱 효율적이고 타당성이 있는 가로와 세로의 비가 있다고 충분히 생각할 수 있다. 일정한 비의 방을 전제로 한다고 해서 기능을 무시하고 형태만 따로 생각했다고 여길 수는 없다.

사진 인화 사이즈에는 3×5 8.9×12.7센티미터가 많이 쓰인다. 왜 그럴까? 이것은 35밀리미터 필름으로 찍는 필름 카메라의 인화용지가 4×6 사이즈와 함께 가장 많이 쓰이는 사이즈 2:3이기 때문이다. 흔히 사용되는 필름이 2 : 3인 것은 사람의 눈에 2 : 3이 익숙하고, 앨범이나 액자 등도 2 : 3으로 맞춰져 있기 때문이다. 요즈음은 풀프레임이라고 35밀리미터 스틸 필름과 같은 사이즈의 센서를 가진 디지털 카메라를 만들어낼 정도로 2:3의 비율이 중요하게 여겨진다. 종이 규격이 A계열, B계열이 있는 것은 같은 비율로 계속 잘라낸 종이가 생기려면 닮은꼴이어야 하기 때문이다. 전지의 길이 대 폭의 비를 x : 1과 절반으로 자른 종이의 길이 대 폭의 비가 1 : x/2가 되어 x : 1=1 : x/2가 성립해야 하므로 $x^2=2$를 얻는다. 그래서 $x=\sqrt{2}$여야 한다. $\sqrt{2}$는 황금비는 아니지만 이에 가까우므로 종이 재단에 이용되었다.

건축설계에서는 평면도와 단면도에서 서로 다른 크기의 방을 붙이거나 자른다. 물론 이 방들에는 그 자체로 필요한 크기가 있다. 그런데 건축에서 기능과 용도는 기계 부품처럼 정밀한 것이 아니고 그 안에서도 다양한 허용치가 있어서, 방의 가로 세로 비율은 기능을 해치지 않는 이상 조정이 가능하다.

칸은 코르뷔지에처럼 비례를 따로 강조하거나 모뒬로르와 같은 비례 이론을 창안하지도 않았다. 그러나 그의 작품은 분석해보면 참 많은 곳에서 5:3의 비를 갖는 사각형과 정사각형이 결합하여 구성되어 있음을 알 수 있다. 예일대학교 아트갤러리Yale Art Gallery•의 평면은 5:3 사각형 네 개가 계단과 화장실이 있는 '서비스하는 공간servant space'을 공유하면서 겹쳐 있다. 평면 전체는 정사각형 다섯 개로 되어 있다. 정원 쪽에서 본 단면도에서는 전체가 다섯 층이며 갤러리 부분의 폭은 층고의 3배이므로 이 단면은 정사각형이 있는 5:3 사각형을 이룬다.

엑서터 도서관에서는 정사각형인 중정의 변에 5:3 사각형 두 개가 붙어 있다. 이 사각형에서 서고 부분은 정사각형이고 그 나머지는 캐럴 부분이 된다. 캐럴 부분은 다시 세 개의 5:3 사각형으로 나뉜다. 단면도에서도 마찬가지로 네 개 층의 단면은 정사각형이고, 그 정사각형에서 캐럴을 빼면 다시 5:3 사각형이 된다.

킴벨미술관에서도 단면은 분절된 한 단위가 정방형이고 볼트를 뺀 나머지 부분은 다시 5:3 사각형이다. 평면은 정사각형 두 개를 합한 단위를 반복해서 배치한 것이다. 칸의 마지막 작품인 예일 영국아트센터Yale Center for British Art도 단위공간의 길이를 2.5라고 하면 평면은 25:15이므로 전체의 윤곽은 5:3 사각형이고 한 변이 15인 정사각형이 두 개 포개진 것이다. 긴 방향의 단면도에서도 큰 5:3 사각형에 작은 5:3 사각형이 끼워지도록 분할되어 있다. 이것은 평면에서 단위 하나의 길이를 2.5로 한 것에 대해 층고는 1.5로 하여 상부에 있는 네 개 층이 높이 6, 길이는 10이 되어 5:3 사각형이 나타나게 한 것이다.

칸은 에콜 드 보자르École de Beaux-Arts의 영향을 받았다. 5:3 사각형은 1:1.666…이 되어 예부터 많이 사용해온 황금사각형의 일종이었다. 5:3 사각형에 5:5짜리 정사각형을 덧붙이면 5:81.6

이 되어 황금사각형의 비에 가까운 비율을 갖게 되고, 5:3 사각형에서 3:3짜리 정사각형을 빼면 2:3 사각형1:1.5이 되어 이 또한 5:3 사각형1:1.666…과 비슷한 사각형이 된다. 이처럼 칸은 자신의 건축 형태를 단조로울 정도로 정사각형과 5:3 사각형으로 한정하고 이를 조합했다. 그러나 그가 이런 사각형으로 구성하는 이유를 글이나 말로 설명한 적은 없다.

이것은 비례를 단순히 미적인 취미에서가 아니라 복잡한 기능을 두 개의 사각형으로 단순화하여 해결할 수 있다는 그의 신념 때문이었을 것이다. 정사각형과 5:3 사각형으로만 구성하는 것으로 그가 형식주의자였다고 말할 수는 없다. 그 이전에 그에게는 미스의 균질 공간으로부터 방으로 분절된 공간을 만들어야겠다는 건축 사고가 먼저 있었다. 그리고 공간 단위가 곧 구조 단위가 되도록 한다든지, 분해된 공간 단위를 중심으로 통합하는 방법으로 정사각형과 5:3 사각형을 특별히 의식한 것으로 이해된다.

분절과 요소

분절과 구성

'분절分節, articulation'이란 하나로 연속되어 있는 전체를 몇 개의 부분으로 나눈 것 또는 그렇게 해서 나뉜 부분을 말하는데, 언어가 음소나 어語 등의 단위로 분할되는 것을 뜻한다. 요소가 명확하게 분절되지 않으면 구성하는 의미가 사라진다. 그러니까 요소가 분절된 것이라 함은 곧 그것이 구성을 전제로 한 것이라는 뜻이다.

공간은 사물의 존재에 앞서서 연속적으로 펼쳐지는 전체성을 나타내는 반면, 사물의 속성을 지워버리는 개념이었다. 이에 대해 '건축의 요소element of architecture'라 함은 공간이 아닌 건축의 물리적인 구성 요소를 가리키는 경우가 많다. 한편 구성과 관련할 때 요소는 단순한 단위이거나 부분이 아니다. 구성에서는 요소가 명확하게 분절되어야 한다. 에콜 드 보자르의 교수 줄리앙 가데

Julien Guadet는 '건축 요소'와 '구성 요소'로 나누어 건축을 요소에서 출발하여 전체로 찌는 '구성론'을 발전시킨 인물이다.

특히 근대주의 운동은 건축을 합리화하며 '효율적인 것은 아름답고 아름다운 것은 효율적'이라는 원리에 근거했다.[24] 이때 이들이 들고 들어온 것은 요소였다. 테오 판 두스뷔르흐Theo Van Doesburg는 전통적으로 받아들였던 형태를 버리고 선험적인 형태, 기본적인 형태로 출발해야 한다고 주장했다. 그리고 요소를 강조한다. "새로운 건축은 요소적이다. 그것은 가장 넓은 의미에서 건물의 요소가 출발한다. 기능, 매스, 면, 시간 공간, 빛 물질 등의 요소들은 동시에 조형주의의 요소이기도 하다."[25] 르 코르뷔지에도 요소적인 형태를 강조한 주요 인물이다. 그는 『건축을 향하여Vers une architecture』에서 "입방체, 원뿔, 구, 원통, 각뿔 …… 등은 가장 요소적인 형태다. …… 아름다운 형태이며 가장 아름다운 형태다. 이것은 어린이든 야만인이든 형이상학자든 모두가 인정하는 것이다"[26]라고 말했다.

아예 '요소주의elementalism'라는 이름의 예술운동도 있었다. 제1차 세계대전 이후 더 스테일De Stijl의 기본 이념이 된 화가 피에트 몬드리안Piet Mondrian의 신조형주의를 넘기 위해 1924년 두스뷔르흐가 주도한 예술운동도 '요소주의' 또는 '반조형反造型, counter-composition'이라고 부른다. 수직선과 수평선, 삼원색과 무채식을 조합하여 모든 것을 구성된 순수 추상으로 만들고자 한 것이 신조형주의였으나, 두스뷔르흐는 대각선을 도입하여 이를 극복하고자 했다. 이렇게 요소를 논의하는 것은 또 다른 것, 곧 부분의 관계가 중요하다는 말이다. 부분은 상대적인 관계에 있으며, 부분과 전체의 논리보다는 관계 자체가 더욱 중요해졌다는 뜻이다.

이것은 부분과 요소를 이해하는 것만으로 시스템 전체를 이해할 수 있으며, DNA와 같은 요소적 입자가 발견되어 그 거동을 완전히 규명한다면 생명현상을 이해할 수 있다고 보는 요소주의要素主義 또는 환원주의와 유사한 데가 있다. 그러나 이것은 전체란 단순히 부분의 집합이 아니라 독자적인 것을 가지며, 전체를 부분이나 요소로 환원할 수 없다는 전체론의 입장과 상반된다.

비평가 레이너 밴험Reyner Banham의 『제1 기계시대의 이론과 디자인Theory and Design in the First Machine Age』[27]은 매우 중요한 근대건축사 책이다. 그는 이 책에서 요소와 구성이라는 두 개념은 아카데미 파派뿐 아니라 근대건축에도 커다란 영향을 미쳤다고 밝혔다. 기능주의의 바탕이 된 요소적 구성elementary composition 이론이 20세기 건축에 나타나게 되었는데, 이는 에콜 드 보자르의 줄리앙 가데의 영향을 받은 것임을 밝히고 있다. 이것은 바우하우스의 요소적 구성 이론으로도 나타났다. 이에 네덜란드나 러시아의 요소파 운동과 겹치며 회화나 조각의 추상미술이 기하학적인 기본 요소로 이루어진다고 보았다. 밴험은 이렇게 근대건축의 주류에 아카데믹한 요소와 구성의 전통이 깊이 자리 잡고 있음을 간파했다.

근대건축에서 분절이란 구조가 전통적인 조적 구조에서 철골 또는 철근 콘크리트 구조로 바뀜에 따라 바닥, 천장, 새로운 구조 형식을 비구조체인 외벽이나 유리면과 구분했다. 독일 건축가 발터 그로피우스Walter Gropius의 파구스 제화공장Fagus factory에서는 이미 철골 구조와 커튼월로 명확히 분절되었으며, 미스의 시그램 빌딩에서는 멀리온을 캔틸레버cantilever로 빼내어 구조체와 피막을 순수한 형태로 분절해 보였다. 또 라이트의 유니티 교회Unity Temple의 내부처럼 구조체인가 아닌가와 관계없이, 공간이 선과 면으로 명확하게 형성되어 있음을 보이기 위해 기둥, 벽, 가구 등을 모두 똑같은 추상적인 선의 요소와 면의 요소로 분절한다.

영국 건축가 리처드 로저스Richard Rogers가 설계한 1986년의 로이즈 오브 런던Lloyd's of London에서는 철저하게 오피스 공간을 기능적인 볼륨으로 분절하여 이를 외관에 그대로 표현했으며, 계단과 엘리베이터도 외부로 튀어나와 있다. 이처럼 코어나 설비를 밖으로 내보내면 나머지는 단순한 사각형이 되므로 칸막이의 위치와 공간 분할 등 평면 계획에 아주 유리해진다. 건물 본체는 격자로 분할하여 계단이나 물을 사용하는 웨트 존wet zone의 처리도 쉬워진다. 주가 되는 연구실과 그것을 지원하는 공간이 분절되어 외부의 코어 다이어그램은 루이스 칸의 리처드의학연구소Richards Medicla Research Center의 평면, 단면과 아주 흡사해진다. 그 결과 이 건물의 외부는 모든 것이 분절되어 있다.

분절과 부분의 독립

분절의 또 다른 의미를 이해하려면 성 베드로 대성당Basilica papale di San pietro을 위해 1452년 이후에 이루어진 일련의 계획을 주의 깊게 살펴보는 것이 좋다.[28] 그러나 이 평면을 살펴보라고 하면 오래된 르네상스 시대의 건축물을 왜 지금 이 시대에 자세히 보아야 하는가 하고 반문할 것이다. 하지만 건축역사상 공간을 왜 분절해야 하는지 이 도면이 가장 잘 나타내고 있다. 먼저 도면을 몇 개 보면 복잡하게 느껴질 것이다. 그러나 다른 안을 미켈란젤로의 안과 비교해보면 안이 그만큼 전체를 잃지 않고 공간이 다양함을 알 수 있다. 자세히 보면 한 공간의 구성 방식이나 스케일이 이웃하는 다른 공간과 다르지 않다. 때문에 여기에서는 어떤 부분도 우월하지 않다. 그러나 미켈란젤로의 안은 중심 공간이 우월하고 다른 공간이 모두 이것에 부속되어 있으며, 심지어는 중앙 공간에 흡수되어 있다.

헤르츠베르허는 빈 방은 가구 배치 하나도 아주 어렵지만, 형태적으로 분절된 부분이 많은 방은 오히려 공간적으로 풍부한 장場을 만든다고 지적했다. 그는 근대건축이 기능으로 분해하여 재구성됨으로써 건축으로부터 목적을 가지지 않은 공간을 모두 없애버렸다고 비판했다. 그리고 다의적인 해석이 가능한 분절을 통해서 사람들의 생활 거점이 되는 장소에 여러 기능이 통합되어 나타나는 건축을 지어야 한다고 강조했다.

분절은 분할과 어떻게 다른가? 주택도 아닌 많은 사람이 사용하는 건물에서 이 두 가지는 어떻게 다른가? 건축가이자 건축사가인 케네스 프램프턴Kenneth Frampton은 『현대건축의 계보A Genealogy of Modern Architecture』[29]에서 사무소 건축으로 헤르츠베르허의 센트럴 베헤르와 노먼 포스터의 윌리스 파버 뒤마 본사Willis Faber

& Dumas Headquarters를 비교했다. 이 두 건물의 가장 큰 차이는 센트럴 베헤르는 미로의 평면이어서 그 앞에 무엇이 전개되는지 지각하기 어렵지만 그 대신 로비에 도달하는 데에는 주차하고 들어오는 것과 걸어서 오는 두 개의 경로가 있다. 반면, 윌리스는 가운데를 관통하는 넓은 로비에서 에스컬레이터로 출입한다. 두 건물 모두 융통성이 있는 오픈 오피스 랜드스케이프open office landscape로 되어 있다.

그러나 센트럴 베헤르는 비교적 작은 분절된 단위를 조직적으로 집합시킨 것이다. 그리고 이렇게 해서 건축 자체를 하나의 도시로 변화하게 만들었다. 이 건물은 1,000명 정도의 종업원을 위한 것으로 건축가는 회사 내부의 조직과 미래의 변화 패턴을 면밀히 검토하고, 이를 위한 3미터 모듈을 세 배인 9미터×9미터의 정사각형 단위로 구성했다. 센트럴 베헤르에서는 사무실 공간이 단위이며 그 단위를 공적, 반半공적 영역으로 나누어 사용하고, 코너에 배치한 반공적 또는 사무 영역은 위아래 그리고 옆으로 이웃하는 사무실을 향해 열려 있다. 공적 공간과 집무 공간의 거리가 아주 가까워서 사적 영역이 공적 영역과 직접 대면하고 있고, 전체 공간을 연속적으로 인식할 수 있다.

흔히 단위 평면을 반복한다고 하면 똑같은 것이 되풀이되는 지루한 공간을 연상하지만, 이 건물은 그렇지 않다. 단위 공간으로 코너마다 사무실, 회의실, 화장실, 대기실, 휴게실, 카페테리아를 분산 배치하고 사무실 가구도 공적 배치와 비非공적 배치로 다양하게 만들었다. 이 부서에서 저 부서로 돌아다니는 사람, 카페에서 차 마시며 회의하는 사람 등이 겹쳐 보여 도시의 거리를 걷는 듯한 느낌을 준다. 보험회사의 본사 건물이지만, 기둥이 우뚝 서 있고 트인 공간으로 분절되어 있다. 그래서 서로 다른 회사가 모여 있는 것처럼 주택 스케일의 단위가 반복된다. 그 결과 집을 떠나 사무실에 왔지만 사무실이 또 다른 집이 된다. 프램프턴은 이를 "소우주의 도시 안에 있는 대리 주거"라고 표현했다.

윌리스에서는 연속적이고 천창으로 채광되는 아트리움 사

이를 쇼핑센터처럼 많은 사람이 에스컬레이터로 이동하고 그 가운데에는 리셉션 데스크, 수영장, 체육관이 있다. 사무공간은 하나의 공간처럼 확장되어 있고 연결 관계가 좋으나 그 대신 사무실에 앉는 사람들은 도처에서 모든 것을 한눈에 보거나 보이는 관계에 놓인다. 외부에 대해서도 센트럴 베헤르는 사무실이 독립된 단위로 분절되어 있으나, 윌리스는 커튼월의 반사 유리로 건물 전체를 감싸고 있다.

분절은 나누고 분리하는 것이 아니다. 서로 다른 영역이 겹치는 중간 영역이 분절된 것이 '문지방threshold'이다. '문지방'은 다른 영역이 겹친 것이 분절된 것이다. 따라서 '문지방'을 투명성처럼 A와 B가 그저 겹쳐서 다른 것을 놓아주지 않으려고 하는 것과 같은 것으로 보아서는 안 된다. 주택의 현관이 가장 전형적인 '문지방'이다. 이 분절된 '문지방'은 주택도 되고 도시도 되어 주택은 '문지방'을 통해 도시에 귀속되고, 도시는 '문지방'을 통해 주택으로 귀속된다는 이중의 귀속의식을 만들어준다. 따라서 분절이란 하나의 기능적인 목적으로 특화하기 위한 것이 아니며, 다의적으로 해석되려면 분절되어야 한다.

전체의 분할

로마의 판테온은 이런 건물이다. 판테온의 원형 평면의 지름이 43.3미터이고, 마찬가지로 바닥에서 돔 천장 꼭대기까지의 길이도 43.3미터여서, 안지름이 43.3미터인 구형이 이 건물 안에 딱 맞게 포개지도록 되어 있다. 그것은 플라톤이 생각한 구형의 독특한 의미 때문이었다. 플라톤은 저서 『티마이오스Timaios』에서 우주의 형태로서 모든 생물을 자신 안에 포괄하는 생물에 어울리는 형태, 자기 자신 속에 모든 형태를 포함하는 형태, 따라서 모든 형태 중에서도 가장 완결한 형태를 구형이라고 보았다. 말하자면 모든 부분이 수렴하여 구형이라는 하나의 형태 안에 포개진다는 것이다. 그러니 판테온은 구형이라는 전체를 가장 우선하고, 그다음에 부분과 부분이 위계적으로 이어지는 구성의 가장 위대한 예가 되었다.

근대건축은 기본적으로 전체를 통괄하는 생각이 지배적이었다. 전체가 먼저 있고, 그다음에 그 전체를 이루는 부분이 가지를 치고 나간다. 부분은 전체가 잘 작동하게 만드는 역할을 한다. 하지만 그러다 보니 부분은 전체에 모순이 되어서는 안 되었다. 그 결과 부분이 생명력을 잃게 되는 경우가 많았다.

근대건축은 고딕 건축 정도로 형태를 분해한 것은 아니지만, 전체를 부분으로 분할하는 같은 길을 걸었다고 할 수 있다. 이러한 생각을 가장 잘 나타내는 예는 오토 바그너Otto Wagner의 건축일 것이다. 그가 설계한 빈의 중앙체신은행Österreichischen Postsparkasse의 파사드를 보면 잘 나타난다. 외관에 돌을 붙였는데, 돌 한 장 한 장을 마치 알루미늄과 같은 금속 부재를 사용한 것처럼 다듬었다. 그리고 돌판도 마치 금속판에 리벳을 쳐서 붙여놓은 듯한 인상을 주게 만들었다. 이 건물보다 먼저 지은 칼스프라츠Karlsplatz역의 파사드는 어떤가? 이 역은 아주 강한 형태의 이미지를 가지고 있다. 그리고 그 전체 형태를 2차원의 표면으로 나누었다. 세장한 대리석판을 철골 구조체에 끼워 넣어 평탄한 면으로 둘러싸인 전체 볼륨을 만들어내고 있다. 식물 모양도 이 표면에서는 한정되어 있다. 그 결과, 전체 볼륨이 면으로 나뉘어 있고, 사전에 설정된 면 위에 미니멀한 기둥이나 보, 식물 모양이 그래픽처럼 붙어 있는 것처럼 보인다.

유기체와 유기적 건축

유기체

건축에서 '유기적有機的, organic'이라고 할 때 그 의미는 여러 가지다. 건축에서 '유기적'이란 자연적인 것, 자연 소재, 어떤 생물체처럼 살아 있는 모습 또는 기하학적이지 않고 거기서 연상되는 곡선이나 곡면 등 생물의 모양 같은 형태적인 특징을 나타내는 말처럼 통용된다. 한편 유기적이라고 말하는 건축은 소재의 성질을 중시하고 천연 소재로 피부에 익숙한 공간을 만들며 나아가 포용력을 가진 건축을 그 특징으로 한다. 그래서 건축에서 '유기적'이라고 하면 딱딱하고 기능적이거나 합리적인 것에 구애받지 않고 형태가 자유로운 건물을 가리킨다고 여기는 경우도 많다. 제1차 세계대전 이후에 나타난 더 스테일의 기하학적이며 추상적인 표현과는 달리, 같은 시기의 표현주의 건축을 주관적이며 유기적이라고 말하는 것은 곡선, 곡면 형태와 자연 형태의 유사성 때문이다.

유기체有機體, organism, organic body는 생명현상을 가지고 있는 개체를 가리킨다. 기능적으로 적응하는 것은 근대건축에서와 같이 근대 생물학의 기본 전제였으므로, '유기적'이라는 말은 기능주의와 관계가 깊었다. 그래서 좋은 건축은 자연의 유기적인 조직의 법칙을 따르고, 유기적 건축은 곧 기능적인 건축이라고 여겨왔다. 그러나 엄밀하게 말해서 건축은 식물도 아니고 동물도 아니기 때문에 건축에서 유기적이라는 말을 사용하는 것은 일종의 시적인 수사이고 비유[30]라고 그 한계를 지적할 수 있다.

또 '유기적'이란 생물체처럼 전체를 구성하는 각 부분이 서로 밀접한 관련을 가지고 있음을 뜻하기도 한다. '유기적 건축'은 유기체와 같은 모습을 한 건축이 아니라, 유기체처럼 각 부분이 밀접하게 연결되어 전체를 이루고 있어서, 부분과 전체가 필연적인 관계를 갖는 건축을 말한다. 그래서 인체와 같이 각 부분이 제각기 특정한 역할기능을 하고 있으며, 이때 부분은 생명체의 기관器官, organ과 같이 형성되는 생명체를 구성하고 일정한 형태로 특정한 생리기능을 가진 것을 의미한다. 이런 기관의 형용사가 오가닉organic이며, 여기에서 나온 오가니제이션organization이란 조직, 기구機構, 기관 등을 의미한다. 따라서 문자대로 말하자면 조직체로서 형성되는 건축, 달리 말하면 '생물체의 기관처럼 조직된 건축'이 '유기적 건축'이다. 이런 연유로 자연의 생물처럼 기능적이거나 합리적인 건축을 '유기적 건축'이라고 말한다. 따라서 '유기적 건축'은 비합리적 건축이 아니며, 이런 의미에서 반합리를 표방하는 '표현주의'와는 분명히 구분된다.

당연히 유기체는 생물이다. 그러나 생물이 아닌 건축이 유기체, 유기적이라는 개념을 사용하는 것은 유기체에서는 각 부분이 서로 관계를 가지며 전체 사이에서 필연적인 연관을 갖는다는, 부분과 전체의 결합 상태를 본받고 싶어 하기 때문이다. 유기체란 생명체에 고유한 생성의 다이너미즘dynamism을 가지고 있어야 하므로, 유기체라고 하면 단순히 부분을 모아놓은 것이 아닌 하나의 이상적인 통일체를 뜻했다. 어떤 것이 유기적이라고 하면 그것에 고유한 물질이 있고 그 물질이 복잡한 경로를 거쳐 어떤 전체를 생성해가는 과정을 머리에 떠올리며, 추상적인 것의 반대인 것을 의미하게 된다.

유기적 건축

'유기적 건축organic architecture'은 근대건축에서 기계를 건축의 모델로 여기는 관점을 비판하면서 자연과 생명체를 모델로 하는 건축 개념을 말한다. 근대건축은 공업화와 산업화가 급속히 진행되면서 합리와 효율을 중시했다. 특히 '유기적 건축'이라고 하면 라이트가 건축은 자연계에 존재하는 식물처럼 자연과 식물을 모델로 하는 대자연의 법칙을 따라야 한다고 주장하고 실천한 건축을 말한다. '유기적'은 생물학적 의미에서 부분과 전체의 필연적 관계를 전제로 한 것이지만, 이것이 건축에 인용되면서 건축과 생활, 건축과 도시라는 연쇄반응을 일으켰다.

'유기적 건축'을 제일 먼저 주장한 사람은 건축가 루이스 설리번Louis Sullivan이다. 그의 뒤를 이어 1914년 라이트가 자신의 건축을 '유기적'이라고 말했다. 그가 말한 '유기적 건축'은 "자연과 건축의 공생"으로 풍토와 대지 환경에서 태어나고, 통일성과 전체성을 가지고 있으며, 기존의 개념이 아닌 내부에서 발생하는 건축, 그래서 하나의 생명체처럼 기능하는 건축을 말한다. 자연계의 유기체처럼 전체와 부분이 균형을 이루고 대지와 환경과 일체를 이루는 건축이다. 이것은 그 나름대로 모든 고전주의적인 것에서 독립하려는 의도와 자연과 생활의 일치를 배경으로 하는 미국적 정신을 정의하고자 한 것이기도 하다.

그래서 그는 '유기적 건축'에는 세 개의 법칙이 있다고 말했다. 복잡해 보이는 식물도 필요하지 않은 것이 일체 없으므로, 건축도 없어서는 안 되는 것을 지어야 한다단순성, simplicity. 집은 대지와 환경과 그곳에 사는 사람의 생활과 하나가 되는 진실성이 있어야 한다진실성, integrity. 나무처럼 뿌리, 줄기, 가지, 잎이 각각의 역할을 하면서 존재하듯이 건축의 요소는 각각 따로 있는 것이 아니라 서로가 서로의 일부로 작용하여야 한다연속성, continuity.

기관

'기관器官, organ'은 '유기적organic'과 단어가 비슷한데다 유기적인 것은 자연스럽다는 생각에 사람의 기관도 자연스러운 것, 따라서 적극적으로 받아들여야 할 것처럼 여기기 쉽다. 그러나 기관이란 닫혀 있으면서 개별적으로 기능하는 부분이며, 유기체organism는 각 부분이 없어서는 안 되는 필수 불가결의 내적 관계를 갖는 것으로 설명된다. 그런데 오늘날에는 유기체와 기관으로 부분과 전체가 이루어진다는 생각을 부정한다.

기관을 이렇게 바라보면 결과적으로 기계 장치를 바라보는 것과 똑같다. 곧 생물의 유기적인 성질이 유기체로 굳어버리는 것이다. 보통 우리는 어떤 것을 이해할 때 부분의 집합으로 전체를 이해한다. 그리고 각각의 부분은 특정한 역할을 맡은 부품으로 전체를 구성하고 있다고 생각한다. 어떤 것은 전문적인 역할을 맡은 부분의 최적의 조합으로 전체를 구성하고 있다는 것을 무의식 속에서 전제한다. 우리 몸을 예로 들면 심장은 펌프, 혈관은 튜브, 근육과 관절은 벨트와 활차 등 몸의 조직을 기계의 부품으로 유추하여 이해할 수 있다. 그래서 현대철학에서는 그리스어 오르가논organon이 도구나 악기 등의 기계장치와 신체 기관을 함께 의미했다고 말한다. 이런 이유에서 철학자 질 들뢰즈Gilles Deleuze는 부분으로 구분된 기관에서 벗어나 그렇게 구분되기 이전의 상태, 곧 "기관 없는 신체"를 향해야 한다고 주장하게 되었다.

3장

부분에서 전체로

모든 부분은 다른 모든 부분에 잇닿아 있다.

부분의 발상

부분의 자유, 전체의 질서

부분은 모두 다르다

NHK에서 방영한 〈빗소리의 유래雨音の由来〉라는 영상[31]이 있다. 이것은 비 내리는 소리가 물방울이 사물에 떨어지는 소리의 집적으로 생겨난 것인가라는 물음에 대한 답이었다. 처음에는 흙, 돌, 나무, 잎, 벽돌, 살갗 등 수많은 물질에 떨어지는 한 방울의 물소리가 들린다. 그런데 이 한 방울은 매우 개성적이다. 빗방울이 어떤 물질에 떨어지는가에 따라 모두 다른 소리를 낸다. 아무리 작은 빗방울과 하찮은 물질이 만난 소리라도 제각기 독자적인 소리가 있다. 그런데 이런 빗방울이 점점 증가하여 제일 마지막에는 100만 개의 단위로 겹칠 때 들리는 소리가 빗소리였다. 빗소리는 작은 물방울이 제각기 부딪히는 소리의 집적이었다. 그렇게 해서 "타닥 타닥 톡! 타닥 타닥 타닥! 솨악 솨악 솨악"하는 소리가 만들어진다.

사물이 존재하고 있다는 것은 그것이 무언가의 질서에 개입한다는 뜻이다. 건축은 다른 예술, 다른 공학적 산물과는 달리 인간 사회에 어떤 질서를 세우는 것이다. 같은 5평짜리 방이 다섯 개 있다고 하자. 하나는 아무도 안 쓰는 빈 방, 또 다른 하나는 물건만 가득 차 있는 방, 또 하나는 사람이 거처하나 어쩌다가 들어오는 방, 다른 하나는 몇 명이 늘 같이 지내는 방, 마지막으로 그 방을 작은 우주로 여기며 사는 방. 이 다섯 개의 방은 같은 것이 아니다. 다섯 개의 부분이 크기로는 같을지 몰라도 잇닿아 있다는 점에서는 다르다. 크기가 부분을 결정하는 유일한 요인은 아닌 것이다.

부분이 모이면 전체는 어떤 것이 될까? 독일 출신의 문예평론가이자 사상가 발터 베냐민Walter Benjamin은 『베를린의 어린시절Berliner Kindhelt um Neunzebnbundert』에서 이렇게 썼다. "내 방의 천장에서 깜빡깜빡 흔들리는 햇빛의 작은 고리를 세어보거나, 벽지의 마름모꼴 모양을 몇 번이고 새로 짜 맞추어보았다." 나의 방이기 때문이 아니라 천장이나 벽지에 그려진 모양 하나하나에서 공간 전체를 이해하고 있었기에 관심이 간 것이다. 각 부분에서 공간에 대한 애정 같은 것이 싹트고 있었다는 표현이 아름답게 느껴진다. 우리는 공간을 가로 세로 높이의 치수가 합해진 것으로 여기지만, 베냐민은 그 방에 있는 가지, 실, 꽃, 소용돌이 모양, 파꽃 모양과 같은 작은 부분에 대한 각별한 관심이 방 전체의 감정을 만들어내고 있음을 아름답게 묘사하고 있다. 부분의 합이 전체가 아니다. 부분은 전체를 보여준다.

건축에서 '방'이라는 개념은 전체에 지배되지 않으려는 부분의 힘을 뜻한다. '방'을 들어 건축의 구성을 말할 때는 전체가 지배하는 개념적인 구성 원리에 동의하지 않겠다는 의지가 그 안에 들어 있다. 이와 같이 건축에는 언제나 부분을 우선하고 부분을 집적하여 전체를 생각한다는 태도가 있다.

건축설계는 위치를 정하는 것으로 끝나지 않는다. 건축설계에서 다루는 모든 부분은 크기가 있어서 설계가 부분의 위치와 크기와 관계를 결정한다. 더구나 건물을 이루는 크기에는 절대적인 치수를 가진 것이 대부분을 차지하지 않는다. 건물의 부위에 따라 변하고 조정되며 의미와 조건에 따라 적정하게 치환되어야 하는 부분으로 집적하는 행위가 설계다. 따라서 건축설계에서 사용하는 스케일도 모두 복수다. 구조를 위해 계획한 10미터 격자와 창의 새시를 정하는 50밀리미터는 계획하는 순서로 보면 10미터 간격의 격자가 먼저겠으나, 다 지어진 다음의 가치로 보면 이 둘은 동등하다.

중세 유럽의 마을은 집을 짓는 사람이 전체 계획을 모르고 자기 사정에 맞게 이웃하는 부분만 의식하고 지은 결과다. 좁은 골목과 작은 광장을 만들어 주변과 연결하고 더욱 큰 길과 부분을 연결해가듯이, 느슨한 질서는 작은 것에서 큰 것을 찾아간다. 집과 이웃하는 집, 장소와 장소가 부분적으로 상호작용하고 있다. 그래서 전체는 복잡하지만 그래도 그 안에 질서가 있고 그것이 마을의 정경을 나타낸다.

바둑을 두는 것은 부분이 또 다른 부분을 계속 이어가는 것이다. 바둑알을 여기에 이렇게 놓으라는 정석은 있다. 그러나 어디까지나 바둑알을 놓는 자리는 놓는 사람의 판단에 좌우된다. 그러나 바둑의 한 수 한 수는 전체의 흐름을 바꾸어놓는다.

부분의 집합인 전체

근대건축사를 훑어보면 장식을 하찮게 보는 경향이 아주 짙다. 그러나 그 당시 그들에게 장식은 그렇게 간단하고 하찮은 작은 부분이 결코 아니었다. 장식의 작은 패턴은 신체의 느낌에 직접 호소하는 작은 질서와 규칙성이었다. 대항해시대인 1856년에 쓰인 오언 존스Owen Jones의 『장식의 문법The Grammar of Ornament』은 지금부터 160여 년 전에 식물의 디자인 패턴을 수록한 책이다. 그가 이 책을 저술한 것은 그가 1851년 런던 만국박람회의 장식에 착수한 건축가였기 때문이다. 이로써 18세기에 발전한 식물학과 함께 식물의 모양을 바탕으로 하는 아주 작은 장식 패턴이 커다란 전체인 건축에 적용될 수 있었다. 아주 작은 부분이 더 큰 전체로, 더 나아가 환경으로 지향하는 당시의 노력을 통해 건축에 다양하게 나타나는 부분과 전체의 관계를 읽을 수 있다.

어떤 대상이든 부분이 분명하게 드러난다. 어떤 마을을 분명하게 말하려고 하더라도 그 전체를 온전하게 알 수도 없으며 말할 수도 없다. 그 마을의 길이 아름다웠다든지 한가운데를 관통하고 있는 나무 숲길에 많은 집이 열을 이루며 서 있었다든지 하는 식으로밖에 그 마을의 물리적인 전체를 말할 수 없다. 마을의 경계도 확실하게 모르며 그 안에 있는 집 한 채 한 채를 모두 알 수도 없다. 그런데도 그 마을의 어떤 전체에 대해 말해야 한다면, 이때 취할 수 있는 유일한 방법은 주택이 모인 것을 하나의 부분으로 보여주는 것이다. 그리고 길이 만든 영역이 어떻다든지, 마을에서 경작하는 밭이나 그 주변을 둘러싸고 있는 산들이 어떻다고 말할 뿐이다.

그러나 부분 속에서 전체를 바라본다는 사고 또한 무시할 수 없다. 세계의 민가를 보면 작고 초라한 주택이지만, 그 주택이 우주라는 의미를 담고 있는 예가 많다. 부분이 실제로 전체이기도 한 것이다. 마을에 대해 말한다고 해도 그곳의 여러 주택과 길과 영역 그리고 밭과 산이라는 부분 또는 부분의 합으로 마을 전체를 말할 수 있을 뿐이다. 그 마을은 부분으로만 표현될 수 있으며 전체는 알지도 못하고 말할 수도 없다. 이럴 때 부분과 전체에 관한 설명도 대상을 보고 해석하는 방식에 의존한다.

자연발생적으로 만들어졌다는 마을, 예를 들면 알제리의 가르다이아Ghardaïa를 보면 언덕 위에 있는 모스크를 중심으로 미로와 같은 길이 있고 주택들이 군을 이루며 기슭을 향해 증식해 있다. 그리고 모든 주택은 중정을 두고 바깥으로 닫혀 있다. 알제리의 엘 아퇴프El Ateuf•는 지형 위에 주택이 밀집해 있고 밀집된 주택들이 다시 새로운 지형을 이루고 있다. 이런 마을들은 그야말로 건축의 집합이다. 부분은 모두 다르다. 그런 가운데에서도 중정을 둘러싼 평면이라는 공통된 특징을 갖고 있다. 이런 마을에서는 "전체는 부분의 합이다"가 아니며, "전체는 부분의 합 이상이다." 부분은 전체와 관련해서만 부분이고, 전체도 부분과 관련해서만 전체가 된다. 따라서 마을은 '기계론'적인 것이 아니라 '변증법'적이다.

쿠바 아바나Havana의 비에하 광장Plaza Vieja•에 앉아 있으면 아바나가 어떤 도시인지 알 수 있다. 높이와 크기가 제각각인 건물이 붙어 줄지어 있고, 1층에는 각 건물이 내어준 아치가 열을 잇고 있다. 그것들이 세워진 시기나 정확한 양식이 어떠했는지는 중요하지 않다. 이 도시에서는 열주, 아케이드, 돔, 근대 건물 그리고 파스텔 색깔, 파라솔, 빨래, 발코니, 철제 난간이 모두 겹쳐 나타난다. 이 겹쳐 보이는 수많은 사람의 행위들, 이러한 풍경은 광각렌즈가 아니라 반대로 망원렌즈로 부분을 확대해서 사물이 겹쳐 보일 때 이 도시의 전체 모습에 더 가까워진다. 그리고 정지된 화상보다는 녹화해서 보는 부분의 장면이 도시 전체를 말해준다. 부분에 따라, 부분의 집합으로서만 전체가 제시되는 도시다.

아바나와 양상은 다르지만, 오늘의 현대도시도 전체란 파악할 수 없고 다만 부분으로 대변되는 경우가 많다. 일반적으로 시대에 따라 많은 것이 바뀌어도 부분과 전체를 어떻게 연결하는가는 건축가에게 중요한 주제가 된다. 부분은 현대사회와 문화의 일반적인 조건이 되어버렸다. 오늘날 도시 공간과 정보 공간이 복잡하게 확대되면서 사람들은 필요한 부분의 정보량을 적절히 취사선택하고 사실을 단편적으로 인식하며 살고 있다. 모든 상황에 대하여 편의에 따라 부분과 전체를 연속적으로 인식하고, 반대로 이산적離散的으로도 인식하며 산다. 연속과 이산은 개념적으로는 반대지만, 의식과 무의식 안에서 표리일체表裏一體의 관계에 있다.

"모든 것은 다른 모든 것에 잇닿아 있다."고 말한 사람은 아르헨티나의 작가 호르헤 루이스 보르헤스Jorge Luis Borges다. 이 말은 부분과 전체를 새롭게 이해하는 단서가 된다. 바꾸어 말하면, 이것은 모든 부분은 다른 모든 부분에 잇닿아 있다는 것이다. 모든 부분은 하나하나 다른 모든 부분으로 이루어진 또 다른 전체에 닿아 있다는 것이다. 곧 모든 것에 모든 것이 있다. 이것은 '옴니부스 옴니아Omnibus Omnia', 곧 '모든 이에게 모든 것을'과도 상통한다. 이 말도 모든 이를 모든 것으로 바꾸면 '모든 것에 모든 것을'이 된다.

자립적인 단위

부분이 강조된다고 알제리의 가르다이아나 쿠바의 아바나 도시처럼 되지는 않는다. '플러그인시티Plug-in-City'나 '블로아웃 빌리지Blow-Out Village'•는 '캡슐'이라는 단위가 증식하여 전체를 이루는 계획안이었다. 크게 보면 부분이 전체를 이룬다는 점에서 예전과 다르다고 할 수 있으나, 그 부분은 첨단 소재를 사용하여 공장 생산되고 운반 가능한 단위들이었다. 그리고 리빙 팟living pod, 캡슐 홈, 가스켓 홈 등은 그 자체가 자립적인 단위였다. '플러그인시티'는 이러한 자립된 캡슐이 중간 단계 없이 그대로 집합하여 거대한 메가스트럭처megastructure를 만들고자 한 것이고, '블로아웃 빌리지'는 캡슐이라는 단위가 모여 최종적인 전체를 만든 것이다. 따라서 이 프로젝트의 제목을 '플러그인plug-in'이라 불렀다.

이렇게 생긴 도시환경은 하드웨어인 건조물을 집합하여 구성한 환경과는 다르다. 계속 성장해온 도시는 오래전부터 그 안에 끊임없이 갱신하는 힘을 가지고 있었다. 그런데 이 계획 안에서는 자립적인 캡슐이 독자적으로 갱신되는 것으로 전체인 메가스트럭처도 갱신되며 변화에 대응할 수 있다고 보았다. 그러나 '플러그인시티'나 '블로아웃 빌리지'는 변화에 대응하는 방식이 예전과는 전혀 달랐다. 캡슐은 변화하지만 그것을 지지하는 부분은 고정되어 있었다. 부분은 자립적인 단위로 갱신되고 있으나, 부분의 집합 없이 전체에만 의존해서는 도시로 기능할 수 없음을 말해준 계획안이었다.

'플러그인시티'와 같은 부분과 전체는 구조 기술과도 관련된다. 그런데 1960년대에 제시된 건축가 리처드 벅민스터 풀러Richard Buckminster Fuller의 지오데식 돔geodesic dome은 '플러그인시티'와는 다른 구조 방식으로 부분과 전체의 관계를 구상했다. 오늘날에도 구조 설계는 먼저 전체 시스템을 구축하고 그것에서 세분화하여 필요한 부재를 결정하는 것이 보통이다.

그러나 지오데식 돔은 구조 기술이라기보다는 구체球體를 어떻게 분할하는가를 다룬 것으로, 구조 시스템인 텐세그리티tensegrity, tensional integrity의 합성어는 부분의 요소를 연결하여 전체를 구성했다. 지오데식 돔은 시스템 트러스처럼 전체와 부분이 독립해 있는 것이 아니다. 부분의 인장재가 전체의 텐션 네트워크를 짠 것이었다. 이 돔은 '플러그인시티'처럼 전체로부터 환원해 있는 것이 부분이 아니라, 반대로 부분이 증식하여 전체가 완성된다는 방식으로 구조 문제를 해결한 것이었다. 오늘날의 엑스포 67 미국관United States Pavilion at Expo 67과 같은 지오데식 돔 건물은 부분의 집합, 부분의 연결을 가진 전체를 구조로 해석했다는 점에서 지속 가능한 건축 기술의 전례로 다시 평가되고 있다.

조각보의 부분

조선의 조각보는 쓰다 남은 자투리 천을 모아 붙여 물건을 싸거나 밥상을 덮는 데 쓰였다. 조각보의 부분은 서로 다른 옷감에서 나왔으며 색깔과 모양과 크기가 저마다 다르다. 눈은 전체를 향하지 않고 먼저 부분을 향한다. 조각보에서는 부분의 시선이 누적되어 전체를 형성하지만 전체는 확실하지 않다. 이런 부분만 주목하면 부분은 하나의 커다란 질서 속에 있지 않다. 그런가 하면 부분은 자투리이지만 대부분은 사각형의 윤곽을 가지고 있다. 전체는 이러한 부분이 모여 생긴 집합이다.

이 부분은 전체로부터 부분을 쪼갠 것이 아니며 주어진 것이다. 주어진 것을 맞추어 전체로 짜 맞추어간다는 것이 가장 중요하다. 자투리 천을 사용했다고 해서 남은 천을 그대로 사용한 것은 아니다. 부분에 대한 가공이 있다. 그러나 전체적으로 동적인 느낌과 함께 우연히 모였다는 느낌을 주려고 대각선으로 잘린 부분을 많이 사용한다. 부분이 집합하는 순서가 특별하다. 조각보는 시작할 때 모든 조각을 다 만들어놓고 사전에 정해진 자리에 맞추어 연결하는 것이 아니다. 전체 중 어떤 부분부터 엮기 시작했는지는 아무런 의미가 없으며, 어디에서 시작해도 아무런 상관이 없는 전체다. 부분과 부분을 엮기 시작하여 이리저리 맞추어보면서 그다음 부분을 결정해간다. 만들어가면서 그것에 가장 적절하다고 여기는 부분을 인접해간다. 부분의 브리콜라주bricolage[32]다.

조각보를 구성하는 모든 부분은 동등하다. 가운데 있거나 큰 것이라 하여 전체를 독점하는 것은 없다. 아주 작은 것이라도 전체 안에서는 동등하다. 조각보에는 위계적인 질서가 없다. 그리고 같은 것을 반복하지도 않는다. 부분은 단위라고 할 것이 하나도 없으며 각각의 특성을 그대로 집합한 것이다.

조각보의 부분은 같은 색깔이나 모양을 많이 두지 않는다. 같은 모양이더라도 될 수 있으면 이웃하여 두지 않고 떨어뜨린다. 일종의 부분의 이산성離散性이다. 어떤 부분에서 바로 이웃하는 부분으로 이어지는 인접성이 강하다. 개체는 독립되어 있고, 그 고유성이 강하나, 홀로 따로 있지 않고 늘 다른 것들과 많이 인접한다. 한 부분이 접하고 있는 선이 예닐곱 개나 될 정도로 이웃하는 다른 부분에 접하고 있다.

부분과 부분에서 정합성이 강해질 것 같은 곳에는 중간에 어긋나게 보이는 부분을 개입시킨다. 특히 큰 부분이 연이어지지 않도록 갑자기 작은 것, 가늘고 긴 것을 끼워 넣어 전체를 일부러 흩뜨려놓는다. 그렇게 하여 시선이 작게 빈 곳을 향하게 하며 섬세하고 동적인 전체를 만들어낸다. 그 결과 의도하지 않은 우연성의 공간 분할이 생긴다.

그럼에도 조각보의 부분과 부분 사이에는 무언가 강한 공통인자가 있다. 조각보의 부분은 조금씩 다르지만 그 안에는 형태상의 공통적인 특징이 있다. 그렇다고 해서 어느 한 부분에 둥그런 원 모양이 있다든지 별 모양을 두지는 않는다. 그리고 전체를 강하게 묶는 틀이 늘 존재한다.

서로 다른 옷감에서 나온 자투리 천이라는 부분은 건축에서 땅, 물질, 용도, 크기, 공간 등에 해당된다. 땅은 서로 다른 크기와 높이로, 물질은 서로 다른 형상으로, 용도는 서로 다른 시간과 경우로, 공간은 서로 다른 장소와 외부에 대하여 접합된다. 이때 접합은 틈새를 만들어내고 틈새는 우연한 사건을 받아들인다. 틈새는 떨어지는 것이고 접합은 잇는 것인데, 틈새의 접합은 떨어지면서 동시에 이어진다. 부분은 각각의 표정을 가지고 '서로 의존하고 있다'. 그 결과 느슨한 전체가 생긴다. 단위가 모여 전체를 이루는 것과는 전혀 달리, '서로 의존하고 있다'는 것은 부분과 부분의 관계가 중층적이라는 뜻이다.

조각보의 부분은 봉정사 영산암•과 같은 우리나라 건축물과 함께 읽으면 많은 것을 배울 수 있다. 봉정사 영산암은 모두 다섯 채의 건물로 에워싸여 있다. 응진전에서 시계 방향으로 승방僧坊인 관심당, 우화루, 송암당, 염화실, 삼성각이 있다. 관심당은 우화루라는 이름의 '누'가 붙은 ㄴ자 집이다. 우화루 앞에서 보면 역시 응진전까지는 경사져 있다. 우화루 앞의 큰 마당, 그다음에 안

마당 그리고 다시 염화실 앞의 아주 작은 마당 등 세 개의 마당으로 이루어져 있다. 땅은 세 부분으로 이루어져 있고, 건물은 다섯 부분으로 이루어져 있다. 이 마당과 건물이 전체의 부분이다. 그런데도 바닥은 모두 빗물이 잘 흘러 모이도록 기울어져 있다. 부분인 건물은 크기, 위치, 모양이 모두 다르고, 마당도 높이, 넓이, 위치, 빛의 세기가 모두 다르다. 당연히 건물은 기단, 마루, 벽, 지붕으로 이루어진다. 기단, 마루, 벽, 지붕은 건물의 부분이다.

이러한 여러 부분은 그냥 그 자리에 모여 있지 않다. 이 부분이 하는 일을 자세히 보면, 부분인 건물들은 제각기 모여 있는 공간에 대하여 하는 역할이 다르고, 내 몸에 반응하는 것임을 알 수 있다. 부분과 부분이 상호의존적이기 때문이다. 이런 여러 부분을 이리저리 조합하면서 그것들이 하는 역할을 눈과 몸으로 읽어야 한다. 그것이 건축을 보고 배우고 느끼는 방법이다.

송암당의 툇마루와 주초를 보면 한국건축이 부분을 어떻게 대하는가를 잘 알 수 있다. 있는 돌을 그대로 가져다 쓰고 그 돌에 맞게 기둥의 밑부분을 깎아낸다. 그리고 툇마루의 측면을 마무리하는 나무판도 그 모양에 맞게 잘라낸다. 이쪽저쪽이 하나도 맞지 않는다. 그런데 반대로 생각하면 이쪽저쪽을 말끔히 맞추면 뭘 하겠나 하는 생각도 든다. 차라리 이렇게 작은 집에 저렇게 있는 것 가져다가 잘 안 맞게라도 맞추는 것이 오히려 전체를 만들어, 사는 사람의 마음을 편하게 하는 방법이라는 생각이 든다.

구조주의 건축

네덜란드 구조주의

구조주의의 구조

지하철에는 역이 많다. 그러나 이 역이 모여 지하철 전체가 되는 것은 아니다. 지하철을 부분과 전체로 생각하고 구조를 설명하면 다음과 같다.

사당역에서 타고 온 열차실체는 빨간색의 10량 열차였다든지, 신촌역에서 타고 온 열차실체는 노란색의 15량 열차였다는 것은 지하철의 전체에는 별로 의미가 없다. 더구나 그런 열차의 개별적인 특징의미=해석에 의미를 두면서 타지는 않는다. 신촌역에서 탔는가, 사당역에서 탔는가 하는 시스템구조 내부의 차이, 5시에 탔는가 5시 15분에 탔는가 하는 시스템구조 내부의 차이에서 같은 것과 다른 것이 생긴다. 그리고 이 무수한 차이가 부분이 된다. 문화인류학자 클로드 레비스트로스Claude Lévi-Strauss도 개인주체이 모여서 전체가 된다고 보지 않는다.

'물고기'는 하나의 집합명사다. '물고기'라는 말에는 상당히 비슷한 형태를 한 물고기들이 속해 있다. 이 물고기들 하나하나에는 실제로 크고 작음의 차이가 있는데, 이런 차이가 있어도 어떤 물고기들은 '물고기'다. 이렇게 어떤 물고기들을 '물고기'로 만드는 것이 구조다. 어떤 물고기를 화면에 띄우고 좌표 변화에 어떤 규칙을 주면서 기울이거나 잡아당기거나 하여 변형을 가할 때, 이를 변환이라고 한다. 그런데 그렇게 변환을 해도 변하지 않는 것이 있다. 이를 '구조'라고 부른다.

구조주의는 부분이 모인다고 해서 전체가 생긴다고 보지 않는다. 사전에 있는 수많은 단어가 책 안에 모여 있다고 언어 전체가 되는 것은 아니다. 문장을 만들고 다른 사람과 대화하고 글을 써보아야 문장과 대화와 글이라는 구조 안에서 그 단어가 차이를 가진다. 또 그런 차이가 있어야 어떤 문장도 되고 어떤 대화도 되며 어떤 글도 된다. 이처럼 페르디낭 드 소쉬르Ferdinand de Saussure의 언어학은 언어에 전체라는 구조가 있어서 그 안의 차이가 생기며, 그 차이가 부분이라고 본다. 소쉬르는 언어가 차이의 시스템으로 기능한다는 것을 강조하고, 언어의 의미는 사람의 의도와는 별개로 '의미하는 것시니피앙, signifiant, 기표記表라고도 한다'과 '의미되는 것시니피에, signifié, 기의記意라고도 한다'이 분절되어 결정된다고 보았다.

레비스트로스는 신화를 분석하고, 신화란 개인의 창조가 아니라 유사와 차이의 패턴에서 사회적인 의미가 산출된 것이라고 말했다. 먼저 사회나 문화라는 구조가 있고 나서야 그 안에 차이가 생기고 그 차이가 개인주체이 된다. 이렇게 생각하면 인간의 주체성은 구조에서 규정되는 것이다. 그래서 레비스트로스는 철학자 장 폴 사르트르Jean Paul Sartre의 주체성을 강조하는 생각을 서양 특유의 인간 중심적 사고라고 비판했다.

레비스트로스는 미개사회 사람들과 함께 생활해보고 나서 인간의 행동을 규정하고 있는 구조를 조사했다. 예를 들면, 여성을 교환하는 풍습이 있는 미개사회에도 그 뒷면에는 근친혼을 금지한다는 인류 공통의 구조가 있다는 것이다. 또 이 사람들은 서로 여성 교환 풍습의 의미를 알지 못했는데, 행동의 의미는 한쪽에서 바라보면 알 수가 없기 때문이다. 두 개의 사회를 함께 바라보았기 때문에 이 구조를 알 수 있었다. 이처럼 이항대립을 축으로 파악해야 할 때가 있다.

구조주의란 모든 현상에 대해 그 현상에 잠재하는 구조를 추출하고, 그 구조로 현상을 이해하며, 경우에 따라서는 제어하기 위한 방법론이다. 구조란 일정한 변화 과정을 거쳐도 변하지 않는 성질을 말한다. 철학적 구조주의는 사회활동을 인간 개개인이나 집단이라는 활동의 총체로 보지 않고, 사회구조 또는 권력구조라는 구조가 존재하고 개인이나 집단은 전체 시스템처럼 구조에 배당되어 있을 뿐이라고 여긴다. 따라서 구조주의에서는 그 요소를 모두 a인지 b인지 c인지 임의의 기호로 기술할 수 있으므로 해석도 필요하지 않다.

레비스트로스가 말하는 구조는 "요소와 요소 사이의 관계로 이루어지는 전체이며, 그 관계는 일련의 변형 과정을 통해서 불변의 특성을 가진다."는 것이다. 'A와 B의 관계'를 'C와 D의 관계'와 같다고 하면, '식물과 잎의 관계'는 '사람과 폐의 관계'와 같다가 된다. 이때 '식물과 잎의 관계'는 '체계 1'이고 '사람과 폐의 관계'는 '체계 2'가 된다. 구조는 '체계 1'과 '체계 2'의 관계다.

구조주의에서는 구조에 두 개 이상의 관계가 있어야 한다고 본다. 기능주의가 $y=f(x)$라는 두 변수 사이의 관계였다면, 이 관계하나만으로는 구조가 성립되지 않는다. 또 다른 관계가 있어야 한다. 두 관계는 상대적이고 동등하며, 이것이 세 문화에서 온 것이라면 각각의 문화에서 바라본 세 관계는 동등하다. 때문에 레비스트로스의 구조주의는 다른 문화를 바라보는 수법이 문화 간의 우열이 없는 상대주의로 이어진다. 그리고 그 문화는 구조 안에서 부분이다.

에드워드 호퍼Edward Hopper의 그림 〈여인의 테이블Tables for Ladies〉은 제목이 무언가 다른 것을 말하고 있다. 이 그림에는 여자가 세 명 등장한다. 한 사람은 화면 왼쪽 위에서 어떤 남자와 테이블에 앉아서 차를 마시며 대화하고, 또 다른 여자는 화면 앞 거리로 열린 진열장에서 이 식당의 차림표를 보여주며 정리하고 있다. 그리고 세 번째 여자는 계산대에서 일하고 있다. 따라서 여인들의 테이블은 식탁, 진열대, 계산대다. 이 그림에서 어떤 사람도 두드러지지 않는다. 앞에는 노란 레몬 열이, 뒤에는 하얀 식탁보를 덮은 식탁 열이 대각선으로 구성되어 있고, 이 세 여자는 그에 대응한 부분이다. 그럼에도 세 여자는 서로 뚜렷하다. 화면 앞의 여자는 위생을 뜻하는 하얀 옷을 입고 있고 손은 진열대에 있지만 시선은 가게 밖을 향함으로써 이 음식이 나온 부엌과 길가를 이어준다. 화면 뒤에서 대화하는 여인은 얼굴이 안 보이지만 하얀 옷을 입은 여자와 시선의 방향이 반대이며, 이 두 시선은 화면을 좌우로 확장한다.

건축이론가 데이비드 래더배로David Leatherbar-row는 『다른 것을 지향하는 건축Architecture Oriented Otherwise』[33]에서 이 그림을 분석한다. 계산대의 여자는 검은 옷을 입고 있으며 계산하고 있다. 주변에는 계산, 가격, 시계가 있다. 흰 옷의 여자와 검은 옷의 여자는 각각 주는 것과 받는 것, 물질과 계산으로 구분된다. 그리고 그는 이 세 여자가 한 화면 속에서 다른 부분이며, 구분된 다른 사물과 다른 행동을 하고 있는데, 그럼에도 대상과 사건을 넘어 확장한다고 설명한다.

여기에서 하얀 옷의 여자와 검은 옷의 여자는 레비스트로스가 분석한 두 부족과 같다. 그러나 그 두 개의 사회가 이항대립을

축으로 파악되고 그 독립된 두 부분이 하나의 구조를 갖게 되듯이, 두 여자는 옷의 색깔, 다루고 있는 대상, 시선, 안팎과 함께하는 부분과 함께할 때 비로소 '차이'가 발생한다. 마치 두 사회가 여성을 교환하는 바가 근친혼을 금지한다는 공통의 구조에서 발견되듯이, 이 그림에서는 주는 것과 받는 것, 물질과 계산이 레스토랑이라는 장소에서 교환되고 있다. 따라서 구조라는 틀 안에서 부분이 전체와 관련되는 바를 호퍼의 그림을 통해서도 이해할 수 있다.

네덜란드 구조주의 건축

건축가 주세페 테라니Giuseppe Terragni가 주도한 이탈리아 합리주의의 몰락에서 보듯이 1930년대에는 모더니즘과 파시즘의 대립이 있었다. 이것은 20세기 이성주의자와 급진적인 낭만주의자의 대립이었다. 이런 대립은 제2차 세계대전이라는 혼란한 시기에도 계속되었다. 이 대전을 거치면서 유럽은 약체가 되고 대신 미국식의 합리주의가 세계 무대에 나타났다. 전쟁으로 폐허가 된 도시는 부흥시켜야 했으므로 이를 위해서 모더니즘의 이론이 유력하게 작용했다. 이런 상황에서 과도한 민족적 아이덴티티를 주장하는 것은 위험하게 여겨졌고 민족주의는 과거의 유산이 되었다. 이에 특히 사회주의권에서는 민족이나 종교를 넘어 국제주의가 사회질서를 형성하는 데 큰 힘을 발휘했다. 이처럼 기능합리주의는 주도권을 잡았으나 민족적 낭만주의는 패배한 것이 되었으며, 이런 구도는 그 이후 계속되었다.

그 뒤 기능주의 이론은 지나치게 단순하다는 비판을 받았다. 그리고 그 대안으로 민족성과 역사를 바탕으로 하는 국민국가가 보급되고 사회 집단이 부상했다. 이에 문화인류학이 큰 힘으로 작용했다. 앞에서 말한 문화인류학자 레비스트로스는 미개민족을 연구했는데, 이로써 원시적 사회구조란 뒤떨어진 존재가 아니라 인류의 보편적인 사회를 형성하는 지혜가 된다고 주장했다. 그리고 서서히 도시와 건축의 이상은 과학적인 합리성을 따른다는 것에 의문을 갖게 되었다. 1964년의 베스트셀러 『건축가 없는 건축Architecture without Architects』은 미개사회 마을의 이름도 없는 이들이 근대도시가 보여주지 못한 바를 앞서 보여주었음을 알게 해준 기폭제가 되었다.

1930년대에 합리주의 대 비합리주의라는 대립이 있었으나 1960년대에는 민족이 아닌 작은 부족, 세계 보편이 아닌 작은 집단에 주목하게 되었다. 전체가 아니라 부분에서 출발하는 발상이 가능하며, 그것이 얼마나 문제를 유연하게 해결하는가를 이해하게 되었다. 1930년대 풍토성을 주제로 한 건축가 알바 알토Alvar Aalto의 건축을 통해 주도권을 갖지 못한 변방의 국가에서도 훌륭한 건축이 나올 수 있음을 보여주었다. 중심이 아니더라도 얼마든지 주변도 중요하다는 상대적 관계로 건축을 바라볼 수 있게 되었다. 보편적인 전체만이 능사가 아니며, 세계의 주변부에도 보편성이 숨어 있음을 의식하게 되었다.

레비스트로스에 따르면 불변의 심층이란 장소, 문화, 사회에 관계없이 변하지 않는 구조다. 마찬가지로 네덜란드 구조주의 건축가들은 사상으로 구조주의를 수용하기 위해서 변하는 표층 밑에 눈에 보이지 않는 불변의 심층의 존재를 인정하는 태도를 취했다. 그리고 인간의 행위에는 그것에 맞는 스케일의 공간이 필요하다고 생각했다. 이는 작은 요소에 관심을 갖게 된 계기가 되었다.

1950년대에 등장한 팀 텐Team 10이 다원적인 성격의 공간을 시도하며 모더니즘 이후의 흐름을 바꾸어 놓았다. 여기에 네덜란드의 구조주의[34]와 문화인류학의 구조주의적 사고방식이 당시의 건축에 영향을 미쳤다. 이것은 개별성과 차이를 어떻게 실현시킬 것인가에 초점이 있었다. 단위를 증식한다는 생각은 1960년대 네덜란드 잡지 《포룸Forum》을 중심으로 모인 '포룸 그룹'이라는 건축가 그룹을 탄생시켰다. 이 그룹은 인간성과 사회성을 되살리자는 움직임을 전개했는데, '팀 텐'과 함께 세계의 건축에 많은 영향을 끼쳤다. 이들은 구조인류학 연구에 큰 영향을 받아 아프리카의 단조롭고 미개한 땅의 여러 마을을 잡지에 소개했다. 그들은 겉보기에는 초라한 재료로 지어진 마을도 선진국의 세련된 구조와 다를 바 없는 문화를 가지고 있다고 생각했다.

이들은 '부분에서 전체로'라는 미시적 시점을 중요하게 여겼다. 개별의 부분적인 장소에 따라 기능의 상호관계를 맺고, 이를 조형과 구조체와 이용 형태와 스케일 등 여러 레벨에서 복합적으로 관계 지어 생각했다. 그리고 부분을 집적하여 전체를 이루는 시스템이자 구조를 만들자고 주장했다. 스미슨 부부는 나무 줄기stem, 변하지 않는 것와 나뭇가지branches, 변하는 것의 관계를 공중 가로와 건물군으로 빗대며 복합적인 골격을 제안했다. 그리고 기성 시가지의 상부와 보행자용 공중 가로망을 겹쳐 엑세스access를 다층화하여 건물군을 활성화하고자 했다.

네덜란드 구조주의는 문지방doorstep, 양의적 공간, 카스바kasbah, '미로 같은 명료성labyrinthian clarity'이라는 주요 개념을 보여주었다. 문지방과 양의적 공간은 공간의 각 부분의 성격에 관한 것으로 상황에 따라 고유한 성격을 가진 영역성을 주며, 기능에 따라 공간을 명확하게 분절하지 않고 모호하고 겹쳐 가는 조형 방식을 말한다. 카스바는 아프리카 북부 많은 도시에 있는 옛 지구로 요새가 있는 곳을 가리키는데, 기능주의 관점에서 보면 비합리적이고 비균질적인 공간을 가진 원시적 커뮤니티를 말한다.

알도 반 에이크의 부분 건축

네덜란드 건축가 알도 반 에이크Aldo van Eyck는 푸에블로 인디언Pueblo Indian 마을과 도곤Dogon 마을 등을 조사하고 원시적이라고 해야 할 마을 구조가 독특한 공간적인 가치관으로 만들어진 것임에 인식하게 되었다. 도곤 마을에서는 주택을 인체에 빗대어 마을을 배치했다. 더욱이 창세신화에서는 대지가 자궁 안 태아처럼 수족이 나뉘어가는 하나의 신체라고 생각했다고 한다. 그래서 도곤 마을에서는 건물이 세워지는 과정에서 전체를 표현하는 것은 이미 기획되어 있었으며, 부분인 주택에 세계 전체의 모습이 들어가 있었다. 도곤 마을에서 각각의 부분이 통합으로 분리되면서 완전한 것은, 이렇게 부분 안에 전체성이 들어 있기 때문이다.

그러나 이러한 부분의 관계는 그것끼리의 관계로만 머물지 않고 부분의 부분을 다시 생산한다. 반 에이크는 '차이의 세계'라는 스케치를 그렸다. 이를 요약하면 요소 A1, A2, A3가 있고 이것이 단지 반복할 뿐이라면, 그 사이에 형성되는 관계의 수는 세 개다. 그러나 각각의 요소 사이에 요소 a1, a2, a3가 있으면 이들 여섯 개의 요소 사이에서 형성되는 관계의 수는 열다섯 개로 증가한다. 곧 같은 요소 A1, A2, A3를 세 개 반복해도 의도적으로 요소 사이에 요소 a1, a2, a3를 넣은 경우나 그렇지 않은 경우에는 요소 사이에 생기는 관계의 수가 전혀 다르다. 그리고 관계의 수가 늘어나는 것이 관계의 다양성을 만들어낸다.

쌍자현상

네덜란드 구조주의 건축가들은 설계 개념의 하나로 현대에도 널리 사용되는 중간 영역in-between을 공유했다. 반 에이크는 중간 영역에 대해 이렇게 말했다. "중간 영역은 양자의 의미를 동시에 의식하게 하는 장소다. 중간 영역은 완전히 반대이고 모순되는 것이 함께 나타나는 '쌍자현상twin-phenomenon'의 장이다." 이 중간 영역은 '이중현상dual phenomena'이라고도 표현하는데, 이후에는 이를 '쌍자현상'이라고 바꾸어 말했다.

그는 이 '쌍자현상'에 대해 "대립적이지만 상호보완적인 관계에 있는 두 개의 현상"이라고 설명했다. '쌍자현상'이란 매스-보이드, 부분-전체, 통일성-다양성, 큰 것-작은 것, 많은 것-적은 것, 안-밖, 개방-폐쇄, 변화-항상, 활동-정지, 개체-집합 등이 물리적으로 나타나는 것이다. 곧 그는 '쌍자현상'을 표현하기 위한 설계 수법으로 '중간 영역'이라는 말을 사용하고 있으며, '중간 영역'으로 어떤 하나의 장소에 복수의 공간적인 가치를 동시에 존재시키고자 했다. 이것은 벤투리가 『건축의 복합성과 대립성Complexity and Contradiction in Architecture』에서 말하는 '곤란한 전체difficult whole'로 문제를 제기한 것과 같은 시점이다.

반 에이크는 '쌍자현상'이라는 개념으로 요소 사이의 관계가 없으면 요소는 존재하지 않는다고 보았다. 그래서 그는 쌍을 이루는 두 개의 의미를 먼저 설정하고 각각의 의미를 표상하는 물리적인 요소를 마련하는 수법을 취했다. 그는 항상 양극을 지향하는 두 개의 방향성을 가진 요소를 조합함으로써 또 다른 요소가 존재하는 듯이 보이게 되고, 사용하는 사람은 그중 어떤 하나만 취하는 것이 아니라 언제나 자기 의지로 공간 체험을 선택할 수 있다고 했다. 그가 말하는 '다중심성'은 변화하는 중심이지만, 중심을 향하는 사람들은 이쪽과 저쪽의 지평horizon을 향하며, 밖을 주시하는 두 가지의 양의성을 모두 가진다. 이렇게 중심과 지평은 서로 변화한다.

네덜란드 구조주의의 목표와 가능성을 구체적으로 보여준 선구적인 예는 암스테르담 시립 고아원Municipal Orphanage in Amsterdam이다. 여기에서는 기본이 되는 공간 단위가 구조체가 되어 증식되며 구조화된다. 공간 단위는 서로 분리되면서도 반복해서 집합한다. '중간 영역'은 단위와 단위를 새로운 작은 전체로 묶는 공간을 만든다. 기능주의의 방법대로라면 전체를 몇 개의 기능으로 나누어야 비로소 부분이 생기므로 부분은 자립하는 것이 아니다. 그런데 구조주의적 방법에서는 먼저 부분이 있고 전체는 그 다음에 정해진다.

그리고 공간 단위와 '중간 영역'은 서로 게슈탈트Gestalt 도형처럼 '그림'과 '바탕'의 관계가 되어 어떤 때는 공간 단위와 공간 단위가, 어떤 때는 그 사이의 '중간 영역'이 '그림'과 '바탕'의 역할을 반복한다. 각각의 장소에 따라 필요하다고 여겨지는 다의적이며 복합적인 성격과 질을 가진 다양한 공간이 질에서는 단위를 반복하고 집적한다. 여기에 복도가 도시의 '길'처럼 대각선으로 나뉘며, 공간 단위와 공간 단위 사이에는 중정이 교차하며 나타난다. 명료한 공간 단위에 모호한 연결과 '중간 영역'이 얽히는 것이다. 그는 이런 공간의 전개를 '미로 같은 명료성'이라고 말했다.

예를 들어 알도 반 에이크는 4-6세 아이들이 사용하는 평면 중 커다란 돔이 덮인 공간을 네 가지 다이어그램으로 구분하여 설명해주었다. 첫째, 이 공간은 그 자체가 강한 주변으로 둘러싸여 있다. 둘째, 그러면서 이 중심을 바깥쪽의 또 다른 중심적인 장소가 에워싸며 본래의 중심을 약간 느슨하게 해준다. 셋째, 이 바깥 중심에 이차적인 축을 만들어 관심을 옆으로 이동시킨다. 넷째, 이 여러 중심으로 합쳐서 돔이 덮인 공간 바깥쪽으로 관심을 향하게 한다. 그런데 이 관심의 방향은 그대로 외부 공간을 향하는 것이 아니라, 평면에서 다시 돌출된 방으로 이어진다. 그런가 하면 중심 공간은 이 아이들만 사용할 수 있다고 여겨지는 앞의 마당으로도 또 이어진다.

이와 같은 평면의 한 부분에는 동적이면서도 변하지 않는 것, 중심적이면서도 분산적인 관계가 있는데, 이 '쌍자현상'은 이 건물 안에 있는 많은 관계 중의 몇 가지다. 이 건물에서는 전체성-다양성, 축소-확장, 부품-전체, 큰 것-작은 것, 내부-외부, 개방-폐쇄, 내향적-외향적, 수평-수직, 변함없음-변할 수 있음이 서로서로 맞추어지고 있다.

미로 같은 명료성

'미로 같은 명료성'[35]은 거리 경험distance-experience에 대한 반 에이크의 개념어다. 그에 따르면 산 마르코 광장Piazza San Marco에서 산티 조반니 에 파올로 성당Basilica dei Santi Giovanni e Paolo 사이에 있는 경로는 실제로는 긴데 걸어보면 짧다고 여겨진다. 그 길을 잘 알고 있기 때문이기도 하겠지만, 중간 영역이 되는 장소가 실제의 거리를 분절하기 때문이다. 그래서 시간의 간격이 짧아 보이고, 하나를 기억하면 다른 하나를 기대하게 만든다. 크다-작다, 많다-적다, 멀다-가깝다는 정량적인 거리에 다양한 정서적 풍부함을 준다. 이해도가 높고 증가할수록 다양함과 복잡성이 늘어난다. 이것이 '미로 같은 명료성'의 시간적 의미다.

여기에서 명료하다는 것은 일반적으로는 합리적이고 추상적이며 단순한 것을 뜻한다고 본다. 그래서 '미로 같은 명료성'의 반대는 '즉각적인 명료성instantaneous clarity'처럼 들린다. 그러나 '즉각적인 명료성'은 이 장소에서 저 장소에 이르는 '미로 같은 명료성'을 얻는 데 필수적이다. 반 에이크는 기억이 나는 중간 영역이 도시 안에 명료성을 준다고 보았다. 과연 그런 것이 명료성일까 하고 의문이 가지만, 내가 이 길을 가는 방법을 알고, 더욱이 그곳에 이르는 경로를 제법 많이 알고 있으면 그것에 이르는 경험이 훨씬 다양해지는 것이 사실이다.

그리고 그는 "도시와 주택은 결국 하나만 있는, 짧고 우연한 찾아감이 아니다.City and house are, after all, not conceived for single short accidental visits."라는 말로 에세이의 마지막을 맺고 있다. '짧은 찾아감'이나 '우연히 찾아감'은 스쳐 지나갈 뿐이라도 그것은 우연이 아니라 생활 속에서 분명한 이유가 있어서 오래 머무는 것이다. '하나만 있는 찾아감'은 도시만 찾아가고 주택만 찾아가는 것이 아니라는 것이다. 여기에서 도시가 긴 거리인데, 풍부하고 다양하게 경험하는 것은 주택이라는 명료함이 중간 영역으로 작용하고 있기 때문이라는 뜻을 담고 있다.

이렇게 볼 때 반 에이크의 "나무는 잎이며 잎은 나무다. 도시는 주택이고 주택은 도시다. 어떤 '부분'을 취해봐라. 그것에 '전체'가 있다. '전체'를 취해봐라. 그리고 '부분'에 주목해보아라. 전체가 부분이고 부분이 전체다."•라는 말의 의미가 분명해진다.

그런데 알베르티의 "도시는 가장 큰 주택이고 주택이 작은 도시라면, 왜 주택을 이루는 많은 부분, 곧 아트리움, 중정, 식당, 주랑 등은 가장 작은 주택이라고 할 수 없을까?"[36]라는 말은 아주 유명하다. 알베르티와 반 에이크 모두 도시는 큰 주택이고 주택은 작은 도시라고 말한 것은 사실이다. 그래서 "도시는 주택이고 주택은 도시다."라는 반 에이크의 말을 알베르티와 같은 것으로 받아들이는 것이 일반적이다. 그러나 여기에서 주목할 것은 알베르티는 도시 안의 주택, 주택 안의 안마당 등은 모두 그것이 뚜렷한 개체가 되어, 마치 마트료시카Matryoshka라는 러시아 인형과 같은 관계라고 말했다. 마트료시카란 큰 인형 안에 그것보다 작은 인형이 계속 들어 있어서 큰 인형을 열면 안에서 작은 인형이 계속 나오는 것과 같은 부분과 전체의 관계를 말한다. 그러므로 알베르티가 '주택이 도시'라고 한 것은 도시를 건축화하라는 뜻이 아니었다. 공교롭게도 "도시는 주택이고 주택은 도시"라고 말한 두 사람의 부분과 전체의 관계는 같지 않다.

크리스토퍼 알렉산더의 집합

형태의 합성에 관한 노트

건축이론가 크리스토퍼 알렉산더Christopher Alexander는 『형태의 합성에 관한 노트Note on the Synthesis of Form』[37]에서 디자인이 풀어야 할 어떤 문제를 수학적 표현으로 정식화했다. 건축이든 제품이든 디자인을 할 때 요구되는 것과 기술적인 조건, 비용 등의 여러 조건은 복잡한 상호작용을 한다. 『형태의 합성에 관한 노트』는 크게 두 부분으로 이루어져 있다. 제1부에서는 현대에는 설계 조건이 개인의 능력으로 파악할 수 없을 정도로 다양하고 복잡하지만, 설계가 문제를 해결하는 것임을 분명히 하고 있다. 제2부에서는 설계의 문제를 어떻게 표시하는가 하는 것과 그것을 해결하는 방법이 제안되어 있다.

『형태의 합성에 관한 노트』에서는 일종의 기능주의의 시각에서 설계의 최종 목적이 형태와 그것을 둘러싸는 콘텍스트context 사이에서 부적합한 것misfit을 빼내는 작업이라고 말한다. 그래서 그 둘의 적합성이 형태가 올바른지에 대한 지표가 된다는 것이다. 이러한 요인이 네트워크상으로 연결되는 것이 '문맥context'이며, 설계는 문맥에 적합한 좋은 형태를 만들어내는 것이다. 가능한 한 많은 기능의 요소를 분석하여 이를 객관화하고, 이렇게 세분화된 문맥의 요소들이 서로 적합한지를 관계와 구조를 다루는 집합론으로 그룹핑하여 형식으로 통합하고자 했다.

알렉산더는 콘텍스트C, Context와 형태F, Form의 대응이라는 관점에서 설계 과정을 세 단계로 나누었다. 이 세 단계는 건축이나 건축가에 대한 인식과 함께 인공 환경이 어떻게 생기는가를 단적으로 보여준다. 제1단계는 장인이 현실의 문맥과 사물을 앞에 두고 직접 제작하는 것이고, 제2단계는 설계자가 도면이나 다이어그램을 그리고, 그것을 바탕으로 제작하는 통상의 설계 방법이다. 이 책이 추구하는 제3단계는 설계자의 직감이나 주관을 배제하고 문맥을 철저히 객관화하는 방법이다.

제1단계인 'C1-F1'은 '무자각의 상황'으로, 원시적으로 환경을 구축하는 방법이다. 전통적인 장인처럼 경험을 통해 지어진 집이라든지 오늘날 셀프빌트self-built, 목수가 짓는 민가처럼 경험을 통해 형태와 콘텍스트를 대응시켜서 직접 형태가 나오는 것을 말한다. '건축가 없는 건축'은 'C1-F1'에 해당한다. 그래서 자칫 건축을 낭만적으로 이해해서 학생들에게 좋은 건축이란 'C1-F1'처럼 주어진 현실 세계actual world의 콘텍스트 C1을 보는 것이라고 오해시키기 쉽다. 그러나 그것이 그대로 좋은 건축은 아니다.

제2단계인 'C2-F2'는 '자각적 상황'이다. 'C1-F1'처럼 상황이 그대로 형태가 되는 것이 아니라 전문성 있는 건축가나 계획가가 개입하여 환경을 구축하는 것이다. 근대적인 건축가가 형태와 콘텍스트를 마음속에서 대응시키는 단계다. 모더니즘의 기능주의가 이 단계에 있다. 이에는 건축가의 이념이나 사상이 들어간다. 필요한 바가 그대로 이어지는 것이 아니라 전문가의 발상이 형태를 만들어내는 바탕이 된다. 그는 이것을 내적인 상像, mental picture이라고 불렀다. 모더니즘의 기능주의와 건축가가 이 단계에 있다. 그러나 건축가가 그리는 이념이나 발상에는 잘못된 것이 많고 복잡해지는 사회에 대응해나가기 어려워진다.

제3단계인 'C3-F3'는 알렉산더가 제안한 '노트'의 방법처럼 형태와 콘텍스트를 모두 '추상적으로 기호화하는 상황'이다. 따라서 이 단계는 디자인의 경험과 감에 의존하고 있는 이제까지의 모호한 프로세스 대신에 디자인 프로세스의 방법을 크게 바꾼 것이다. 알렉산더는 수학의 집합론을 사용하여 그 장의 상황을 구성하는 요소나 데이터를 알기 쉽게 다이어그램으로 만들고 그 다이어그램으로 형태를 이끌어낸다는 방식을 제안했다. 그는 이것을 '내적인 상의 형식적 상formal picture of mental picture'이라 불렀다.

제3단계인 'C3-F3'의 '내적인 상像의 형식적 상像'이라는 긴 이름은 건축가가 자신의 발상, 가치관, 인식의 도식 등으로 파악한 바를 단숨에 결정할 것이 아니라, 다른 사람들도 함께 알아볼 수 있는 다양한 상황을 다룬 집합, 곧 구조로 C3를 보라는 뜻이다. 즉 'C2-F2'와 같이 부분을 파악하여 전체를 만들어서는 안 되며, 'C3-F3'와 같이 부분을 파악하여 전체를 만들라는 말이다.

흔히 건축을 대하는 일반인은 'C1-F1'처럼 본다. 건축학과의 저학년 학생도 처음에는 일반인과 다를 바 없이 'C1-F1'처럼 건축을 대한다. 그러나 점차 경험이 많아지면 'C3-F3'와 같이 부분의 집합, 부분의 구조로 전체를 생각할 수 있게 된다. 그러나 문제는 'C3-F3'와 같은 관계를 앞에 두고 이를 개인의 언어와 자세로 인식하는가, 아니면 공통의 보편적인 언어와 자세로 인식하는가에 따라 자신이 어떤 건축가인가로 사회에 귀착된다는 점이다.

그러나 『형태의 합성에 관한 노트』의 방법에는 한계가 있다. 첫째 형태는 문맥에서 일방적으로 나오지 않는다. 문맥도 도출된 형태의 영향을 받아 변화한다. 따라서 문맥과 형태는 상호작용한다. 현실의 문맥은 복잡하게 얽혀 있으며, 그것을 세분화한다고 해서 문맥이 분명히 구분되지는 않는다. 또 문맥은 지나치게 세분하면 특성이 사라진다. 또한 객관적인 요구를 다이어그램이라는 기호로 만들고 합성하는 과정에서 자의성이 개입한다. 실제로 건축 설계에서는 이런 방법으로 진행하지 않으며, 이 방식으로 설계한다고 해도 그 결과는 진부한 건물이 될 가능성이 아주 크다. 건축과 도시의 구체적인 내용을 다루고 있지 않기 때문이다. 한편 『형태의 합성에 관한 노트』의 이론은 『패턴 랭귀지A Pattern Language』로 이어져 더욱 구체화된다.

부분에 주목한 도시의 모델이 된 것은 근대도시 이론의 약점을 지적한 알렉산더가 1965년에 쓴 「도시는 나무가 아니다A City is Not a Tree」라는 유명한 논문이다. 이 논문이 나오기 전에도 이미 CIAM이 제창한 근대도시계획의 문제점이 드러나 있었으나, 이 논문만큼 문제의 원인을 적절하게 규명하지는 못했다. 그만큼 이 논문은 건축과 도시계획 이론에 커다란 충격이었고, 특히 오늘날 현대사상을 논의하는 담론에 자주 거론된다.

그는 모더니즘의 방법으로 계획한 '계획도시'와 오랜 세월을 두고 자연발생적으로 만들어진 '자연도시'를 비교하고, 이를 각각 '트리tree'와 '세미라티스semilattice, 반격자'라는 수학적인 차이로 증명했다. '도시는 나무가 아니다'라는 제목에서 말하는 '트리'란 위계적이며 계통이 서 있는 시스템을 말한다. '트리'는 땅에서 나온 줄기는 하나였으나, 이것이 둘셋으로 갈라지고, 다시 그 안에서 몇 가닥으로 갈라지며 자란다. 이 부분인 가지들은 본래의 줄기에 모두 속해 있고 그것의 통제를 받는다. 나무 모양을 거꾸로 놓으면 위에서 아래로, 전체에서 부분으로 갈라지는 위계적 질서를 갖는다. 근대도시계획은 땅을 나누고 건물이 들어갈 자리를 이렇게 나무가 가지를 뻗어가듯이 나누었다. 도로로 보면 줄기에 해당하는 것이 가장 폭이 넓고 가지를 따라가며 좁아진다. 알렉산더는 이러한 '계획도시'는 관리자 쪽에서 편리한 도시이며, 도시계획가나 건축가 머리로 만든 도시라고 비판한다.

코르뷔지에의 도시계획은 '사는 것' '일하는 것' '즐기는 것' '교통'이라는 식으로 생활을 완전히 네 개로 나누었다. 그러니 '사는 것'과 '교통'의 접점에 역이 있게 되지만, 이런 역은 교통을 위한 역이지 생활과 전혀 관련이 없는 역이다. '직장'이 고층건축의 상층부에 위치하여 주거와 접점을 이루는 것도 '교통'뿐이라면 이것 역시 생활과 관련 없는 것이다. '쾌적함'도 마찬가지다. 이것은 다른 세 개의 요소 사이에 있는 녹지와 공지로 따로 다루었다. 그러니 이 역시 생활과 관련이 없다. '트리'에서는 한쪽이 다른 쪽에 종속되든가, 아니면 완전히 단절되든가 둘 중의 하나다.

그러나 복잡함이 결여되어 있는 '계획도시'와는 달리, '자연도시'에는 전체를 통제하는 명확한 구조가 없다. 자연발생적인 도시에서는 '세미라티스'로 부분이 서로 다른 부분과 겹친다. 곧 도시의 부분은 독립된 부분이 아니라 다른 부분과 중복되는 부분이다. '세미라티스'는 '트리'와는 달리 어떤 요소의 집합이 서로 겹쳐 있을 때 복잡하고 다양한 구조를 가지며 풍부한 공간을 만들어내는 수학 용어다. '트리'에는 부모가 하나밖에 없으나 '세미라티스'에서는 부모가 여럿이 있으며 그보다 더 많을 가능성이 크다.

마찬가지로 밑의 노드잎를 개별적인 주택이라고 보고 노드 위로 올라가면 학교, 공공도서관 등이 있고 그렇게 해서 도시를 형성한다. 집 A와 B는 같은 쇼핑센터와 같은 학교를 사용하지만, '세미라티스'에서는 각각의 주택이 학교 V나 X를 선택할 수 있고, 쇼핑센터 W나 Y를 선택할 수도 있다.

'세미라티스'는 이미 이슬람 카펫 문양에 가장 잘 나타나 있으며, 후에 들뢰즈와 펠릭스 가타리Félix Guattari의 '리좀rhizome'이라는 여러 상태가 교통으로만 정의되는 다양체의 시스템과 유사성이 있다. 알렉산더는 도시를 여러 가지 '장'의 요소가 얽혀서 만드는 커다란 시스템으로 파악한다. '장'이란 도시를 형성하는 고정된 부분여러 가지 장치나 공간의 유니트라고 부른다과, 그것들을 잇는 가변적인 부분사람, 차, 에너지, 이벤트라고 부른다의 세트다. 유닛은 이벤트의 그릇이며, '장'의 성격은 리빙 시스템이 갖는 동적인 성격으로 결정된다고 말한다.

그렇지만 여기에도 문제는 있다. '세미라티스'가 '자연도시'의 복잡한 구조를 해명해준다고는 하지만, 이것은 '자연도시'가 갖는 무한한 복잡함에 대하여는 단순한 시스템에 지나지 않는다. 조금 더 들여다보면 '세미라티스'도 복잡한 '트리'이며, '트리' 구조가 시간이 걸려서 겹치게 된 것에 지나지 않는다고 지적할 수 있다. '계획도시'와 '자연도시'를 대비시켜 근대의 계획을 독해하고 이를 비판할 수 있으나, 건축가가 하는 행위인 '계획' 자체는 이와 똑같이 비판될 수는 없다.

'트리'와 '세미라티스'의 차이를 들어 '계획도시'와 '자연도시'의 차이만을 설명하는 것이 아니다. 사상가는 '트리'와 '세미라티스'의 차이를 이렇게 설명할 수는 있다. 그러나 건축가는 건축과 도시에서 시간이 지나는 것을 기다리는 전문가가 아니다. 그런데도 건축가는 직업적 본능으로 아무것도 없거나 요소가 적은 공간을 좋아하고, 자기만의 공간 도식으로 상황을 해석하기를 좋아한다.

세미라티스의 의의

'트리'는 건축가가 만드는 공간이며, '세미라티스'는 생활이다. 오랜 시간에 걸쳐 이루어진 창신동의 집 한 채 한 채는 당연히 계획된 것이지만 그 동네와 지역 전체는 계획된 것이 아니다. 그러는 사이에 그 안에는 환경적으로 그다지 좋지 못한 곳도 자연히 들어가 있다. 생활이 '세미라티스'이기 때문이다. 그런데 이런 곳을 지워버리고 새 아파트를 지으려고 계획된 단지는 '트리'다. '트리'와 '세미라티스'는 단순히 개념상의 언어가 아니라, 이렇게 우리 현실에서 일어나는 수많은 건축적 사건과 관련이 있다.

최근 건축에서 많이 일어나는 전용轉用, conversion은 그야말로 '트리' 구조가 시간적으로 겹치는 모습이다. 주민 참여에 의한 설계도 마찬가지다. 그러나 주민 참여로 전체성을 잃어서는 안 되며 그 과정 안에도 규칙이 마련되어야 한다. 건축이 시간을 기다리도록 설계해야 한다고 할 때도 건축은 여전히 하나의 전체를 가져야 하는 것이 중요하다. 또 '트리'와 '세미라티스'는 서로 다른 것을 부정하는 것이 아니므로 설계의 개념을 '트리'와 '세미라티스'로 나누어 이를 합성함으로써 새로운 것이 설계될 수도 있을 것이다.

또한 본래는 누군가가 무엇을 계획한 공간이었는데 다른 사람이 들어와 이전의 의도를 잊어버리고 다른 의도로 다시 만들어진 공간이라든가, 또는 계획가는 이렇게 계획했는데 사용하는 사람이 바꾸어 읽게 되어 계획가의 의도와 사용자의 의도가 겹치는 공간도 '세미라티스'다. 이처럼 같은 대상이라도 무엇을 만들 것인가가 아니라 어떻게 만들 것인가를 추구하는 것도 설계의 또 다른 방향이며, 그 안에서 서로 다른 구조가 발견된다. 그렇다면 건축가는 여전히 '트리'를 겹쳐가면서 설계해야 하는 숙명을 지니게 되는 것이다.

이 논문으로 부분을 강조하는 현대건축과 도시에 이르기까지 근대건축과 도시에 대한 반성과 함께 큰 변화를 일으켰다는 것을 알아둘 필요가 있다. 또 이것은 도대체 '계획'이 무엇인가를 근본적으로 묻게 되는 계기를 제공했다는 점에서도 매우 중요하다. 모더니즘의 방법으로 만들어진 '계획도시'가 잘못되었음을 알고 있으면서도 그것이 어떻게 잘못된 것인가를 분명히 알게 된 것은 바로 이 논문 때문이었다. 이렇게 근대의 도시계획을 비판한 이 논문은 강한 충격을 주었다. 그렇지만 이것은 '계획도시'에 대한 비판일지언정, 새로운 도시를 만들어내는 구체적인 제안에는 이르지 못했다는 점도 알고 있어야 한다. 건축은 도시에 대하여 어떤 '세미라티스'를 만들어낼 수 있을 것인가? 어떤 도시 공간을 만드는 것이 가능할 것인가? 오래된 이론이지만 그것을 실천하는 일은 아직도 요원하다.

관계라고 다 열려 있는 것이 아니다. 관계에는 닫힌 관계도 있다. 가장 대표적인 것이 피라미드형 조직이다. 회사로 말하자면 제일 위에 사장이 있고, 그 밑에 중역이, 다시 그 밑에 부장, 과장, 계장, 평사원으로 조직하고 지휘 계통을 만든다. 그런데 이런 피라미드형의 조직도를 뒤집어보면 가지를 뻗고 있는 한 그루의 나무가 된다. 나무 가지 끝은 외부로 열려 있지만 뿌리는 닫혀 있고 움직이지 않는다. 그래서 이런 조직 구조를 '트리'라고 부른다.

그런데 구글과 같은 기업에서는 이런 단순한 '트리' 구조를 바꾸기 위해 고정된 조직을 가지고 과제별로 프로젝트 팀을 만들어 그 안에서 리더를 정하는데, 경우에 따라 겹치기도 한다. 그래서 사원의 관계가 복잡하다. 그러나 엄밀하게 이런 조직도 비용이나 납기, 고객의 의향, 이윤의 최대화 등으로 제약을 받는다. 일견

열린 듯이 보이지만 실제로는 닫혀 있다.

'트리'와 '세미라티스'에 대해서는 건축이 아닌 다른 분야에서도 흥미를 가지고 있다. 구조가 도시와 같은 바깥에 있는 것일까, 아니면 그것을 파악하는 사람의 사고 안에 구조의 특성이 있는 것일까 하는 것이다. 자연의 구조는 '세미라티스'를 하고 있는데, 왜 건축가나 계획가는 도시를 '트리'로 만드는 것일까? 그것은 '트리'가 도시에 사는 사람에게 유익하므로 도시를 '트리'로 만드는 것일까, 아니면 인간의 사고가 '트리'로 되어 있는 것일까? 그러니까 구조란 바깥에 있는 것일까, 인간의 사고 내부에 있는 것일까? 일반적으로 건축가나 도시계획가는 건축과 도시가 사고의 바깥에 있는 것으로 본다. 대상 자체가 구조다. 그러나 알렉산더는 대상을 기호화하는 사고를 구조라고 보고 있다. 따라서 '트리'와 '세미라티스'에서 알게 되는 것은 건축이나 도시의 구조가 사고의 구조에서 비롯된다는 점이다.

패턴 랭귀지

어떤 마을을 보고 "아, 이 마을 참 좋다."라든지, 어떤 건축이나 프로젝트를 보고 참 잘 설계했다고 느낄 때가 많다. 이때 그 마을과 그 프로젝트가 지니고 있는 질은 어떻게 생기는 것일까? 이런 질을 두고 무어라고 이름을 붙이거나 말로 바꾸어 표현하기가 어렵다. 그러나 그것이 어떻게 생기는지는 이해할 수 있다.

알렉산더는 이러한 감각을 '이름을 붙일 수 없는 질Quality Without a Name'이라고 불렀다. 그리고 이 감각을 '패턴 랭귀지pattern language'라는 언어로 만들어 도시와 건축을 만들기 위해 문제를 해결하고 공통으로 알고 있어야 할 틀을 생각했다. 『형태의 합성에 관한 노트』가 수학적 표현에 중점을 두었다면, '패턴 랭귀지'는 좋은 공간을 성립시키고 있는 요인의 연관관계를 필드워크를 통해서 찾아가는 귀납법적 방식에 중점을 두었고 그의 대표적인 저서 『패턴 랭귀지』[38]에서 제안했다.

'패턴'은 환경과 인식의 도식이 이어진 것, '세미라티스'의 다이어그램을 자연언어와 공간으로 그린 것이다. 이 패턴은 보편적인 도식으로 폭넓게 사용될 수 있으나, 모든 사람이 공유할 정도로 보편적인 것은 아니다. 따라서 '패턴 랭귀지'는 창조 활동을 위한 것이라기보다 문화와 생활을 읽는 도구다. 그럼에도 '패턴 랭귀지'는 '세미라티스'로 이루어지는 다양한 부분을 구체적으로 읽게 해준다는 점에서 매우 중요하다. 물론 이러한 질을 완전하게 기술할 수는 없다. 그러나 사람은 세계를 분절하지 않으면 이해할 수 없다. 따라서 언어화가 필요하다. 언어가 있어야 커뮤니케이션이나 사고가 가능하기 때문이다. '패턴 랭귀지'는 건축과 도시에서 생생한 질을 만들어내기 위해 개발된 언어였다.

설계란 현상에서 일어나는 문제를 해결하는 것이다. 일련의 흐름은 '상황context' '문제problem' '해결solution'이라는 틀로 이루어지며 하나의 패턴으로 형성된다. 따라서 패턴은 '해결'을 공유하기 위한 방법이 아니라 어떤 '문제'가 일어나기 쉬운가, 어떻게 '해결'하고 있는 사람이 있는가를 아는 수단이다. 알렉산더는 이를 위해 253개의 패턴을 규명하고 이를 건축과 도시를 만드는 데 사용하게 했다. 그러나 그것은 독립된 테크닉이 아니라 최종적으로 전체성을 갖는 '질'을 만들어내는 패턴이다.

패턴은 단순히 형태에 관한 것만이 아니다. 예들 들어 '129번 중심부의 공통 영역common areas at the heart'을 보면 "가족, 직장 동료, 학교 구성원 등 어떤 사회적인 그룹도 항상 허물없이 만나지 않고는 살아갈 수 없다."라는 전제에서 사람들의 집단이 서로 접촉하는 문제를 들고 있다. 사람들이 만나는 곳인 공통 영역이 길의 끝에 있으면 사람들은 편안하게 자발적으로 이용하려고 하지 않는다. 또 이것이 한가운데 있으면 동선이 관통해서도 안 된다. 그렇게 되면 환히 다 보이는 공간이 되어 마음 놓고 잠시 멈추어 있기 어렵기 때문이다. 이러한 문제에 대하여 균형이 잡힌 것은 동선이 공통 영역에 접하면서 통과하고 공통 영역이 열려 있는 경우다. 이와 같이 어떤 문제에 대한 해답이 하나의 패턴으로 제시되어 있으면 앞으로 같은 과제가 생겼을 때 이 패턴을 활용할 수 있다.

알렉산더는 멀티서비스 센터에서 64개의 '패턴 랭귀지'를 단을 이루는 계단 모양으로, 폭포가 위에서 아래로 떨어지는 캐스케이드 cascade처럼 그린 그림으로 설명했다. 이렇듯 기본적으로 도시의 지역에 관한 규칙의 패턴이 적용되고, 그다음에 근린, 대지, 집, 방, 문, 창, 디테일이라는 식으로 도시 전체에서 점점 작은 부분으로 패턴을 적용하고 있다. 이렇게 보면 '패턴 랭귀지'는 전체에서 부분을 향하는 논리이지만, 이것은 어디까지나 책을 서술하는 순서로서 그렇다. 그러나 건축설계는 이 책이 서술한 순서대로 이루어지지 않는다.

그는 '패턴'이라는 말을 '규칙의 패턴'[39]과 '기하학적 패턴'이라는 두 가지 뜻으로 사용했다. 그런데 "밖으로 내다보려고 한다." "넓은 터에서 회의를 하려고 한다." "테라스가 있는 곳에서 식사를 하려고 한다."라는 '요구needs'는 언제나 부분적이다. 또 '요구'는 간단하게 내가 필요로 하는 것만 있는 것도 아니다. 환경이란 계속 변화하고 갱신하는 것이고 그것들이 모여 있는 곳이다. 때문에 건축에 대한 '요구'는 스마트폰과 같은 도구에 대해 하는 '요구'와는 전혀 다르다.

건축의 '요구'는 "우리 마을은 경사지붕의 마을이니 이 집도 경사지붕으로 하려고 한다."는 것처럼 한 번에 만들어지지 않고 언제나 반복되는 습관과 같은 규칙에 통제를 받는다. 그렇지만 이러한 규칙도 언제나 부분적이다. 알렉산더는 이것을 '규칙의 시스템rule system'이라고 불렀는데 이것에 관한 패턴이 '규칙의 패턴'이다. '규칙의 패턴'도 '기하학적 패턴', 곧 기하학적 관계로 번역된다. 따라서 기하학적 관계는 '규칙의 시스템'의 부품이 된다.

『패턴 랭귀지』의 의의는 건축과 도시의 관계를 전체와 부분으로 새롭게 해석하고자 한 데 있다. 그러나 단지 패턴을 제기했다는 것만이 중요한 것이 아니라, 그것을 어떻게 다른 사람과 공유하여 설계하는 데 유익하게 하는가를 함께 논리적으로 설명해 주었다는 점에서 중요하다. 한 사람이 하는 말은 패턴이지만 랭귀지가 아니다. 패턴을 다른 사람과 공유할 때 비로소 문제 해결을 위한 말랭귀지이 된다. 최근에는 설계자와 사용자 사이에 있는 퍼실리테이터facilitator 등 중간집단의 역할이 중요하다. 이런 의미에서도 『패턴 랭귀지』는 일반인이 건축이나 도시 등의 공간을 설계할 때 참가하기 위한 방법으로 새롭게 해석될 필요가 있다.

『패턴 랭귀지』는 많은 사람이 "20세기에 환경 디자인에 관해 쓰인 책 중에서 가장 중요한 것"이라고까지 평가할 정도로 대단했다. 그러나 그의 이론대로 지어진 건물은 평범하고 초라하기까지 했다. 알렉산더가 미국 국경 근방 멕시코 도시인 멕시칼리Mexicali에서 저소득자를 위한 주택을 지었는데, 그가 강조하여 마련한 "다른 사람들과 교류가 있는 장소"는 그 이후 전혀 다른 곳으로 바뀌었다. 주민들이 바라는 것은 새로운 공동체의 창조보다 안전과 사생활을 확보하는 것이었다. 그의 『패턴 랭귀지』가 부분과 전체, 전체와 부분의 수학적이며 객관적인 관계를 언어처럼 개발해준 것은 큰 업적이라 할 수 있으나, 결국 그가 놓친 것은 형태와 가치[40]의 문제에 있었음을 보여준다. 그는 '상황'에 적합한 형태를 만드는 것이 목적이었다. 다시 말해 적합한 목적이 먼저 있고 그 다음에 형태가 따라오는 것이 아니다. 모차르트 교향곡이 연주하는 사람과 듣는 사람이 신통치 않다고 해서 좋지 않은 음악이 되는 것도 아니며, 연구자와 청중이 훌륭하다고 모차르트 교향곡이 갑자기 좋아지는 것도 아니다. 마찬가지로 형태와 가치는 따로 뗄 수 있는 것이 아니다.

부분에서 전체냐, 전체에서 부분이냐는 중요한 것이 아니다. 부분 안에 있는 형태와 가치는 전체를 결정하는 원인이 될 수도 있고, 더 큰 전체의 문제를 해결해줄 수도 있다. 일체가 된 형태와 가치 안에서 부분과 전체는 서로 교차한다.

어포던스

부분의 환경 정보

건축가 아시하라 요시노부芦原義信는 "이탈리아 사람은 사람들이 만나는 장으로 인위적인 광장인 피아차piazza를 만들었고, 영국 사람은 사람들이 만나지 않는 휴식의 장으로 자연 공원인 파크park를 만들었다."고 말한 적이 있다. 문자 그대로 영국 사람들이 사람을 안 만나려고 공원을 만든 것은 아닐 것이다. 단지 이것은 문화마다 자기네들에게 맞는 공간을 이렇게 따로 만든다는 뜻이었다.

그러나 이것을 21세기식으로 바꾸어 말하면 이탈리아 사람이나 영국 사람이나 제각기 자기들이 바라는 행동을 '제공해주는', 또는 그들의 생활방식에 따라 '이용할 수 있게 하는' 외부 공간을 만들었다고 보면 된다. 이와는 달리 한국 사람에게는 골목이 동네 사람들이 나와 장기를 두거나 아이들이 놀 수 있게 '제공해주는', 또는 '이용할 수 있게' 해주는 공간이었다. 그 대신 오늘날에는 건물과 건물 사이의 길이 통과만 '할 수 있게' 해준다.

이것은 사람을 만나려고, 또는 사람을 만나지 않으려고 피아차나 공원을 만든 것으로 보기보다는, 광장의 넓은 표면과 바닥에 떨어지는 햇빛과 적당한 그림자 그리고 왁자지껄한 사람 소리가 사람들을 모이게 해주었고, 공원에 있는 많은 나무와 그늘, 나뭇잎 사이로 떨어지는 잔잔한 빛, 나무와 나무 사이가 사람을 적당히 떨어뜨리게 해주었다고 보는 게 좋다.

'어포던스affordance'라는 용어가 있다. 이 말은 미국의 생태심리학자 제임스 깁슨James Gibson이 'afford-을 주다, -할 여유가 있다, -해도 된다'로 만든 조어다. '어포던스'는 동물에게 행위의 가능성을 주는 환경의 성질, 환경이 생명체에게 주는 정보를 말한다. 동물은 자기가 하는 행위를 위해 환경을 만들지 못한다. 동물은 환경에서 얻은 정보로 행동하며, 환경에 있는 정보는 동물의 행동을 변화시킨다. 식물이 아니라 특히 동물을 두고 이렇게 말하는 것은 움직임은 변화를 통해서 정보를 얻으며, 움직이기 때문에 변하지 않는 것이 지각되기 때문이다. 이것은 형태의 논리로 지각을 설명한 것과는 다른 생각이다.

깁슨은 세상에는 지면이 있음을 발견했다. 그는 지각은 환경이 생체에 '어포드afford'하는 행위의 가능성을 반영한 지평플랜이라고 본다. 그래서 그는 지면을 포함한 모든 표면에는 제각기 독자적인 '살결'이 있다고 보았다. 동물들은 이러한 표면의 살결이 어떻게 변화하는지, 물체까지의 거리나 지면의 기울기는 어떤지를 보고 유동하며 깊이를 지각할 수 있다고 보았다. 부분의 표면이 주는 정보를 모아 동물은 이에 반응한다.

이와 같이 '어포던스'를 말하는 것은 이제까지 3차원적인 지각이란 2차원인 망막에 비춰진 상을 뇌가 해석하여 만든다고 보았기 때문이다. 그리고 이것으로 사람이 환경을 구성한다고 생각했다. 이런 사고에서는 빛이 저 멀리 하나밖에 없는 광원에서 직접 내 눈에 들어온다고 여긴다. 근대건축에서 윤곽을 기하학적으로 정하여 상을 만들고, 그것으로 건물과 환경을 만든다고 생각한 것도 이에 해당한다. 그러나 '어포던스'는 동물이 시각으로 공간을 움직이는 것이 아니라, 살결부분이 있는 지면 위에서 움직이면서 표면의 시각을 다시 파악한다고 본다. 이렇게 생각하면 환경은 결코 단 하나의 전체로 주어질 수 없으며, 반대로 수많은 부분살결의 합으로 주어지는 것이다.

이런 관점에서 보면 세계는 공간이라는 용기가 사전에 준비되어 있고, 그 안에 사물이 배치되는 것이 아니다. 생태학적 시각론에서 환경은 복수의 면surface이 집합한 것이다. 빛은 저 하나의 광원에서 내 눈에 들어오는 것이 아니라, 그 전에 이미 바닥이며 천장이며 벽과 같은 주변의 수많은 표면에 부딪혀 산란하는 입자로 내가 보고 있는 것이다. 이것을 '포위광包囲光, ambient light'이라고 하는데, 동물은 그 면에서 고유한 포위광이라는 정보를 얻어 사물을 지각하게 된다.

시각장애인이 도시를 걸어갈 때 옆에 늘어선 건물의 정면이 어떻게 배열되었는가가 매우 중요하다고 한다. 그 건물의 정면에서 다른 소리가 나는 것이다. 이처럼 집이 늘어서 있는 모습이나 벽의 소재, 높이의 변화, 반향해오는 소리 등 여러 가지 감각은 우리 몸에 호소한다. 그러나 "맥도널드에 가서 햄버거를 사와라." 이렇게 간단한 정보 처리는 인간에게는 자명하지만, 이것을 로봇에게 시키는 것은 어렵다. 로봇에게 모든 지식을 사전에 주지 않으면 사람과 비슷한 행동을 할 수 없다. 맥도널드까지 가려면 로봇은 그곳에 이르는 환경이 주는 무수한 정보를 받지 않으면 안 된다.

그러므로 환경은 다양하고 복잡한 부분의 결합으로 경험된다. 그 경험도 어떤 한 자리에서 한 번에 경험되는 것이 아니다. 멀리서는 산이나 숲이 보이지만, 가까이에서는 나무나 줄기를 보며, 더 가까이 가면 잎이나 잎줄기를 보게 된다. 환경은 하나의 전체로 바라보는 것이 아니다. '어포던스'는 이와 같이 환경을 하나하나의 부분이 연속하는 흐름으로 파악하며, 종전의 여러 견해와는 다른 부분과 전체에 대한 관계를 보여준다.

눈앞에 높이가 허리 정도에 오는 수평면을 보면 우리는 그것을 앉을 수 있는 물체로 여긴다. 그것이 표면까지 매끄러우면 누울 수 있는 물체로 여긴다. 이것은 표면의 '어포던스'다. 갈증을 없애준다든지, 더러움을 없애준다든지, 무언가를 녹여준다든지 하는 것은 물의 '어포던스'다. 바다 위를 지나는 배는 배와 바다가 접촉하는 방식으로 해수면에 일어나는 파도의 패턴을 결정한다. 이것은 배가 바다에 관해 지각하는 정보이며, 배의 지각은 파도의 패턴을 그리는 해수면이라는 정보 플랜이 되어 나타난다. 이것이 '어포던스'다. 해수면은 사람만 지각하는 것이 아니라 배도 지각한다.

그런데 '어포던스'를 이해할 때 반드시 알아두어야 할 정의는 이렇다. "어포던스는 자극이 아니라 '정보'다. 동물은 정보에 '반응'하는 것이 아니라 정보를 환경에서 '탐색'하고 픽업하고 있는 것이다. …… 어포던스는 자극과 같이 강요되는 것이 아니라 지각하는 사람이 '획득하고' '발견하는' 것이다."[41]

어포던스의 디자인

그러나 어포던스는 행위에 관한 환경의 특징도 아니다. 사람의 행위는 같은 장소라도 사람이 다르거나 때가 다르거나 기분이 다르면 다른 행위가 나타난다. 그러나 어포던스는 행위와 관계가 없다. 행위를 일으키는 동기를 주는 환경의 특징이 어포던스가 아니라, 어떤 행위를 분해할 때 나오는 아주 작은 반응을 지탱해주는 환경의 정보가 어포던스다. 깁슨의 말대로 "그것을 지탱해주는 물체의 면이며, 우리는 그것을 토대, 지면 또는 바닥이라고 부른다. 그것은 그 위에 설 수 있는 것이며, 네 발 동물이나 두 발 동물이 직립하는 자세를 생기게 해준다. 때문에 그 위를 걷거나 달릴 수 있다."[42] 이처럼 사람이 바닥에서 뛴 것은 바닥이 준 정보 때문이지 뛰지 않으면 열차를 놓칠 것 같다든지, 지각할까 봐 뛴 것이 아니다. 따라서 어포던스는 물체에 대한 새로운 행위를 해석하기 위한 것이 아니다.

어린이들은 어른처럼 행동하지 않는다. 제과점에 들어가서도 술래잡기를 하고 소파 위를 뛰며 물이 있는 곳을 일부러 돌아다닌다. 길에 돌이 이리저리 박혀 있고 돌 모양이 제각각인데도 일부러 돌 위를 걷는 데다가 어른들은 들어가지 못하는 작은 구멍이나 틈새를 찾아 들어간다. 왜 어린이들이 이런 뜻하지 않은 행동을 하게 되는 것일까? 술래잡기를 하려고 제과점에 간 것도 아니고, 돌 위를 걸으려고 그 길을 찾아간 것이 아니다. 그런 환경이 있었고, 그 환경의 정보, 제과점의 복잡한 가구 배치, 소파의 부드러운 천과 쿠션, 작은 구멍과 자기 몸의 얼마 안 되는 차이라는 부분의 정보를 탐색했기 때문이다. 제과점이 술래잡기를 자극한 것이 아니라 제과점의 배열 정보를 탐색하려고 술래잡기를 한 것이다. 당연히 아이들은 이러한 환경 정보에 반응하지 않아도 된다. 반대로 아이들이 환경의 정보를 발견한 것이고 획득한 것이다. 아이들은 성장해가면서 주위 세계를 탐색하고 그것에 대한 지식을 넓혀가기 때문에, 주위 환경에서 얻은 정보를 탐구하고 스스로 만들게 된다.

그런데 이것을 잘못 해석하여, 문의 손잡이를 이전에는 돌려야 열리는 것으로 알고 있었는데 똑같은 손잡이가 알고 보니 옆으로 미는 것이 되었다고 해서 고정관념을 넘어선 디자인을 하는 것처럼 보는 경우가 많다. 특히 디자인 분야에서 어포던스를 잘못 사용하는 예를 흔히 볼 수 있다. 그래서 이들은 어포던스란 사물의 속성형상, 재질, 색깔 등이 사람사용자에 대하여 어떻게 취급되면 좋은가 하는 정보를 주는 것이라고 설명한다. 이것은 인지과학과 컴퓨터공학을 가르치는 도널드 노먼Donald Norman이 어포던스를 이렇게 정의하여 깁슨의 본래 의도를 오용한 것이다. 이런 오용이 널리 퍼지자 노먼도 이를 인정했다.

그래서 디자인 분야에서는 어포던스를 이렇게 설명하는 경우가 많다. 의자는 사람이 앉기 위해 만든 도구가 아니다. 의자라는 가구는 사람이 앉는 행위에 가능성을 주는 것이다. 책을 읽을 만하구나 하고 생각하게 하는 의자가 있는가 하면, 어떤 의자는 그것을 보기만 해도 왠지 편안하게 쉬고 싶어지는 의자가 있고, 또 어떤 의자는 한눈에 보고 누군가 마주앉아서 이야기를 나누고 싶다는 생각이 들게 하는 의자가 있다. 의자를 어떻게 디자인하는가에 따라 사람이 하고 싶은 행위가 달라진다. 이것은 의자를 본 사람은 언제나 의자의 속성을 찾고 그중에서 적당한 것을 선택한다는 뜻이다.

벽에 환풍기처럼 생긴 물건이 걸려 있다면 사람들은 거기에 매달린 줄을 잡아당기게 된다. 어떤 제품을 작동시키려면 제품에 매달려 있는 끈을 무의식적으로 잡아당기는 직관적인 행동을 한다. 습기와 냄새를 빼내느라 먼지와 기름때로 범벅이 된 이미지로 익숙한 환풍기가 CD 플레이어로 변용되리라고는 상상하기 어려웠을 것이다. 후카사와 나오토深澤直人가 환풍기의 인터페이스를 적용해서 디자인한 무인양품Muji CD 플레이어는 어쩌면 이런 오디오의 전형을 깬 것이었다.[43]

그러면 의자를 디자인할 때는 무엇을 어떻게 이해해야 할까? 의자의 높이, 폭, 경사, 딱딱함, 촉감, 강도, 무게 등 여러 가지

가치나 의미를 가진 정보어포던스 군를 집중시키고, 그 관계를 조직해간다. 의자가 될 법한 부분의 '가능성'의 언저리에서 머무르는 것이다. 이것은 의자라고 사전에 정해진 기호로 의자를 디자인하는 것과는 다른 태도다.

설계자는 어포던스를 창조하지 못한다. 단지 설계자는 정보를 '선택'하고 '변형'할 뿐이다. 어포던스란 사람이나 동물에게 행위의 가능성을 주는 환경의 성질이므로 어포던스를 '발견'하고 '배치'할 뿐이다.

패턴 랭귀지와 어포던스

건축에서 생각할 수 있는 어포던스의 예는 멀리 있지도 않고 새로운 것도 아니다. 알렉산더의 『패턴 랭귀지』에는 건축가와 사용자가 함께 만들기 위한 언어로 가득 차 있다. 전문가인 건축가는 전문적인 언어와 도면을 사용하지만, 그런 전문언어 안에서는 아마추어인 사용자가 건축가에게 자기 의견을 말하기가 어렵다. 때문에 건축가와 사용자가 건축물을 이루는 구체적인 많은 부분에 대하여 의견을 계속 나누지 못하고 어떤 단계에 들어가면 건축가가 독주하게 되어 있다. 그러나 '패턴 랭귀지'는 자연언어로 되어 있어서 건축가와 사용자가 계속 의견을 교환할 수 있다.

『패턴 랭귀지』는 마을, 건물, 시행이라는 세 가지 카테고리로 분류할 수 있으며, 각 패턴은 해설이 있는 사전처럼 사용할 수 있다. 사전 같고 책의 제목이 '랭귀지'라고 하여 단어와 단어가 합하여 문장을 이루듯이 패턴과 패턴이 조합되는 어떤 규칙을 기대하지만, 그렇다고 이것 때문에 그 의의가 줄어들지는 않는다.

『패턴 랭귀지』는 보편적이고 범용성이 높은 언어로 사전처럼 253개의 패턴으로 정리되어 있는 어포던스의 보고라고 할 수 있다. '125번 앉을 수 있는 계단stair seats'은 앉는 것의 어포던스를, '179번 알코브alcov'는 함께 있으면서 프라이버시가 있는 어포던스를, '181번 화롯불'은 사람이 모이는 것의 어포던스를 생각하게 해준다. 특히 '앉을 수 있는 계단'은 보편적인 공간 감각에 관한 것으로 고대 그리스의 아고라에 사람이 앉는 감각을 불러일으키는 항목이다. 또 '43번 시장과 같은 대학'은 대학이라는 빌딩 타입이 있어야 성립하지만 아주 오래전부터 이어온 인간적인 본래의 감각과 근대적인 용도가 합쳐진 항목이다. '140번 가로를 내려다보는 테라스'처럼 여러 가지를 횡단하는 항목도 있다.

건축에서 어포던스란 디테일이 큰 스케일에서 작은 스케일의 것이 있듯이, 하나의 개념으로 한 가지 형태를 정하고 끝나는 것이 아니라 여러 개의 장면이 중첩되어 있는 장소와 공간을 만나게 하는 것이다. 이것은 사소한 요소라 할지라도 정보를 '선택'하고 '발견'할 수 있도록 하는 중층적인 사용 가능성을 가진 계획을 뜻한다고 정리할 수 있을 것이다.

부분의 건축

카를로 스카르파의 부분과 전체

건축에서 부분을 중요하게 생각한다는 것은 건축이 신체에서 출발하며, 촉각을 중요하게 여긴다는 전제를 가지고 있다. 카를로 스카르파Carlo Scarpa의 건축은 요소의 분절이 분명하다. 그의 디자인은 벽과 바닥, 벽과 천장, 벽과 창, 벽과 하늘의 경계가 엄밀하다. 그러나 분절의 경계는 단지 형태나 물질의 분절이 아니라, 공간 안을 움직이는 사람들이 반응하는 '신체의 경계'로 명시하면서 하나하나의 사물을 동등하게 취급하고 있다. 그는 단편을 조합하고 서로 다른 요소를 별개로 분절함으로써 부분과 부분이 대화하면서도 긴장하는 전체를 만들어내고 있다. 개수한 공간에서도 새로운 요소와 오랜 요소가 하나하나 분명한 고유한 공간이 되도록 했다.

스카르파는 1961년부터 1963년까지 팔라초 퀘리니 스탐팔리아Palazzo Querini Stampalia를 설계했다. 이 건물은 몇 차례에 걸쳐 운하에서 들어온 물에 잠겨 사용할 수 없었던 16세기 팔라초의 1층과 중정을 고쳐 쓰게 했다. 건물 입구에 놓인 다리의 난간이나 계단, 건물의 개구부 등 오직 부분에만 손을 대 더욱 새로운 건물로 만들었다.

카스텔베키오 미술관Castelvecchio Museum도 전시물, 기존에 있던 건물, 새로 손을 댄 건축물 등이 서로 한 몸이 되어 있다. 사람들은 이 건물을 두고 스카르파의 건축을 집대성했다고 말한다. 이 건물은 부분이 독립되어 있으면서 전체를 만드는 다성음악polyphony과 같다. 두꺼운 아치 벽에는 그것과는 아무런 관계가 없는 듯이 보이는 철로 만든 격자문이 겹쳐져 있다. 그런가 하면 텍스처가 아주 부드러운 바닥이 깔려 있다.

그런데 그의 건축을 보면 건축과 그 안에 있는 가구나 조각과 같은 오브제 그리고 공간이 하나의 전체로 묶이지 않는다. 이들은 모두 제각기 등가다. 기존의 건물이 전체를 결정하는 것이 아니라, 이것 역시 여러 가지 새로운 소재 중 하나다. 오래된 건축 공간 안에 새로운 건축이나 오브제 또는 가구가 새로운 요소로 들어와 전혀 다른 새로운 공간을 만들어낸다. 그는 오래된 공간이라도 필요하지 않은 것은 잘라내고 새로운 요소를 과감하게 덧붙여서 무언가 모자란 것 같고 완결되지 않은 전체를 격조 높게 만들어냈다. 새롭게 덧붙여진 가구나 전시용 대좌 등도 부분의 윤곽과 요소의 경계가 뚜렷하다. 오래된 것을 받아들이고 새로운 것은 덧붙여서 이제까지 없던 것을 만들어낸다.

루이스 칸의 부분과 전체

루이스 칸의 건축이 고전건축을 참조하여 엄격한 기하학적인 구성을 기초로 하고 있다는 것은 이미 잘 알려진 사실이다. 칸은 건축에 가장 본질적인 분절과 통합을 보여주었다. 부분에서 전체로 향하는 건축 방식을 가장 먼저 주장한 이도 칸일 것이다. 그는 상대적인 가치를 담은 부분을 해체하고, 그 안에서 전체를 구성하는 단위를 발견하고 다시 그것을 전체로 구성했다.

그는 가장 이른 시기에 공간 단위를 반복하고 집합한 트렌턴Trenton의 '유대인 커뮤니티 센터Jewish Community Center'를 건설했으며, 반 에이크의 암스테르담 시립고아원은 이와 비슷한 시기의 건물이다. 베를린자유대학교Freie Universität Berlin는 공간 단위가 반복 집합하기보다는 격자로 전체를 앞세우고 그 안에서 부분의 공간을 집적한 것이라는 점에서 이것과 구분된다. 소크생물학연구소Salk Institute for Biological Studies 집회 시설동 계획안에서 중정을 가운데 두고 그 주위에 식당, 도서실, 세미나실, 주택 등 공간의 중요도에 따라 위계를 정하고 표현한 것도 기능을 분절한 예다.

칸은 예일 영국아트센터에서 스페이스 슬래브space slab라는 이름의 슬래브 시스템을 만들었다. 이 시스템은 한 변이 약 90센티미터인 삼각뿔을 기본 단위로 하고 그 위에 바닥 슬래브를 얹은 콘크리트 바닥이다. 이것은 평면을 기둥이 없는 무주 공간無柱空間으로 하기 위함이었다. 이 삼각뿔과 슬래브 바닥 사이에 설비 배관을 넣고 노출 구조 시스템을 천장으로 하여 의장과 구조와 설비라는 서로 다른 것을 하나의 시스템 속에 통합했다.

리처드의학연구소에서는 사람이 활동하기 위한 자유로운 공간인 '서비스를 받는 공간served space'과 이 활동에 봉사하는 설비 공간인 '서비스를 하는 공간servant space'이라는 두 공간으로 전체를 분절했다. 전체는 중앙 설비동과 그 주변 세 개의 실험동으로 이루어져 있으며, 동에는 각각 개별적인 배기통과 계단실이 배치되었다. 공간 단위만이 아니라 프리캐스트 콘크리트로 이루어진 구조체도 분절과 통합의 방식을 철저하게 지켰다. 이처럼 분절된 '서비스를 받는 공간'과 '서비스를 하는 공간'을 계층적으로 반복함으로써 기능의 요구가 복잡한데도 전체를 명쾌하게 구성하면서 전체적으로는 기념비적인 느낌을 주는 건물로 완성했다.

이렇게 보면 칸의 이러한 방식은 건축을 크게 두 부분으로 나눈 것이며, 그 부분을 각각의 논리로 만드는 것이다. 코르뷔지에의 '근대건축의 다섯 가지 요점'에서는 다섯 개를 다 사용할 수도 있고 하나만을 사용할 수도 있었으나, '서비스를 받는 공간'과 '서비스를 하는 공간'이라는 부분은 하나의 전체를 이루고 있어서 어느 쪽도 모두 필요하다. 그러니까 칸의 건축은 부분이 분명하게 각각 나뉘어 있으나 실은 그 안에 하나의 전체성을 가지고 있다.

퍼스트 유니테리언 교회First Unitarian Church는 칸의 설계 방식을 가장 잘 나타낸 계획이다. 관습적으로 예배당과 주일학교를 분리하여 배치하고 이를 복도로 이었으나, 그는 이것을 바꾸어 예배당 주변에 교실을 분산 배치하고 이를 회랑으로 잇는 방법을 택했다. 교회를 이루는 두 개의 중요한 부분은 다시 분명한 윤곽과 성격을 가진 방으로 해체하고 이를 전체로 통합하는 방식을 제시했다. 그는 이것을 '폼 다이어그램Form Diagram'이라고 부르며, 어떤 건물에서 확실한 성격으로 더 이상 분해될 수 없는 부분으로 환원한 다음, 그것을 부분으로 하여 전체를 다시 편성한다는 그의 사고를 가장 잘 나타내고 있다.

엑서터 도서관은 입구가 어딘지 알기 어렵다. 건물 밑부분이 회랑으로 둘러싸여 있어서 건물을 네 곳에서 보아도 입구다운 곳은 잘 보이지 않는다. 이 때문에 건축가 마이클 그레이브스Michael Graves가 이 도서관을 보고 의식적인 입구ritual entrance가 없다고 비판한 적이 있다. 그러나 이런 비판이 나오기 훨씬 이전에 칸은 이미 이렇게 말했다. "모든 면이 입구입니다. 만일 당신이 비가 오는데 이 건물에 들어가려고 서두르면 어떤 곳에서도 들어올 수가 있습니다. 그렇게 입구를 찾게 될 겁니다." 입구라는 작은 부분은 사실 어디에나 붙어 있다. 그러나 그 입구는 회랑 안에 있고, 회랑은 이보다는 조금 더 큰 캠퍼스로 이어져 있다.

그 결과 입구는 확대되었다. 무엇을 위해서인가? 그것은 언제 어떻게 전개될지 모르는 우연한 사람의 행위를 포용하려 했기 때문이다. 또 이것은 반드시 어떻게 사용하는가를 정하지 않고 사람들이 자유로이 사용하고 존재하는 모습을 존중하면서, 그것을 통합하는 구체적인 방식을 만들어낸다. 건축에서 공간은 사람들에게 무언가 특별한 행동을 하도록 강제하지 않는다. 그 안에서 사람들의 행위에 적합한 공간을 배열하고 그것을 사람들이 자발적으로 사용하도록 하는 것이 칸이 작은 부분을 중시하고, 그것이 유지되는 한에서 더욱 큰 전체를 만든 이유다.

만년에 설계한 킴벨미술관은 분절과 통합이라는 부분과 전체의 관계를 가장 극명하게 나타낸 건물이다. 이 미술관에는 사이클로이드cycloid 곡선의 볼트 지붕이 반복해서 사용되었고, 그러한 지붕을 가진 공간이 기둥과 설비 존을 사이에 두고 배열되어 있다. 볼트 지붕이 덮인 공간은 명확히 나뉜 지붕, 기둥, 설비 존 등이 다시 합쳐져 더 큰 전체를 이루고 있다. 구조 시스템은 다시 분절된 빛과 구조의 다른 차원을 통합하고 있으며, 배치에서도 건물과 공원으로 분절되면서도 더 큰 전체로 통합되어 있다. 그는 이처럼 끊임없이 건축을 구조와 빛의 관계로 말했다. 사실 구조와 빛은 다른 차원으로 분절된 것임에도, 포착할 수 없는 빛을 구조라는 물질적인 윤곽으로 통합하여 '잴 수 없는unmeasurable' 전체를 이루겠다는 것이 그의 건축 요점이었다.

칸의 피셔 주택Fisher House의 평면도 공간의 위계를 부정한다. 거실은 사적인 공간과도 관계를 맺고 있지만, 커다란 난로만이 상징적인 중심이 되어 있을 뿐, 이 거실이 다른 사적인 방까지 통합하고 있지는 않다. 그 결과 이 주택의 여러 방은 사실상 동등하다. 한편 이러한 주택 구성은 대지와 주변 환경과의 대응을 변화시킨다. 동등한 배열을 한 이 주택의 평면은 결국 선택의 문제다. 거주자가 방들이 서로 동등하게 느껴진다면, 그것은 방과 방, 방과 외부공간이 선택적이라는 의미를 지닌다.

떨어뜨리면서 동시에 연결하여 부분의 전체를 만드는 방식은 칸의 도미니코 수녀회 본원Dominican Motherhouse 계획안에서 더욱 발전되어 나타난다. 칸의 이 수도원은 개실을 U자형으로 중정이 둘러싸고, 그 안을 제각기 자립한 형태가 랜덤하게 부딪히게 한 다음, 복도를 두지 않고 모퉁이를 겹치게 하는 방식을 보여주었다. 곧 부분마다 어떤 때는 이 부분이, 또 어떤 때는 저 부분이 전체의 중심이 됨으로서 결과적으로 전체에는 이렇다 할 중심이 없는 셈이 된다. 이는 코르뷔지에가 라 투레트 수도원Monastery of Sainte Marie de la Tourette에서 중정을 복도로 연결하여 사람의 움직임을 만들고자 했던 것과는 전혀 다른 발상이다.

유명한 킴벨미술관에 대해서도 그는 이렇게 쓴 바 있다. "미술관은 정원을 필요로 하고 있다. 정원을 걷고 안에 들어갈 수도 있으며 들어가지 않아도 좋다. 이 커다란 정원은 미술품을 보러 들어와도 좋고, 지나쳐버려도 좋다고 말하고 있다. 완전히 자유다." 미술관 또는 건축물에 대하여 이런 말을 한 건축가가 또 있을까? 반드시 이래야 한다, 바로 여기여야 한다, 이 장소는 이 용도여야 한다고 정해버려야 끝나는 근대의 기능주의 건축가들은 이런 말에 찬성할 리 없다. 미술관이 지어지는 목적이 미술품을 전시하고 수장하는 것이며, 사람들이 미술관에 오는 것은 미술품을 감상하기 위해서일 터인데, 미술관 앞에 있는 정원이 미술품을 꼭 보러 가도 되고 안 보러 가도 된다고 말하고 있다면, 기능주의 건축가들에게 이 정원은 문제가 있는 정원이다.

칸은 이런 생각을 증명하기 위해 정원의 나무에 가려져 있는 킴벨미술관을 그렸다. 미술관은 주변 정원에 있는 나무의 반 정도 높이로, 대부분 나무에 가려지게 그려졌다. 이것은 풍경 안에서도 건축물이 더 큰 전체인 정원의 일부라는 것을 나타내며, 그 안에서 사람들은 미술관과 정원을 선택한다. "미술관은 정원을 필요로 하고 있다. 정원을 걷고 안에 들어갈 수도 있으며 들어가지 않아도 좋다."는 것은 이 환경에서 건축은 작고 정원이 들어 있는 공원은 크지만 이 둘은 등가라는 뜻이다.

뤼시앵 크롤의 참여 건축

건축가는 전체에서 부분에 이르기까지 모든 것을 결정하는 직능의 전문가다. 건축에서 전체와 부분은 철학적 문제가 아니다. 건축가의 직능의 문제이며 참여를 어떻게 전체로 이끄는가 하는 실제 과제에도 걸려 있는 문제다. 과학자라면 목표가 뚜렷하고 그것에 맞게 계획을 세워서 더 해서도 안 되고 덜 해서도 안 되는 가설과 증명이 반드시 따라야 하지만, 건축은 신체 주변, 옆에 있는 것을 가지고 조립하고 제작하는 입장에 있다. 때문에 아무리 계획하고 하나의 목표를 가진 건축물을 만든다 하더라고 건축은 부분이 합쳐지고 증식하여 그다음 단계의 모델이 되는 경우가 훨씬 많다.

이것은 무엇을 의미하는 것일까? 사람이 무언가 하고 싶고, 무언가 만들고 싶은 기분이 들게 하는 환경을 만들 수 있다는 뜻이다. 공간이 비어 있고 고독하게 침묵하듯이 있는 것이 아니라, 사는 사람들이 자발적으로 우연하게 다양한 기분이 들게 하는 공간을 만드는 것이 도시와 건축이 만들어지는 방식이라는 바를 가르쳐준다. 건축가는 혼자서 모든 것을 결정하는 계획자가 아니라, 사용자와 함께 전체를 만들어가는 건축가의 직능에 대해서도 부분과 전체의 사고를 적용한다.

벨기에 건축가 뤼시앵 크롤Lucien Kroll의 루뱅가톨릭대학교 Katholieke Universiteit Leuven 의학부 기숙사는 지중해의 마을처럼 패널을 랜덤하게 적용한 입면을 입주하는 학생들이 직접 참가하여 만들도록 했다. 이 기숙사는 전체가 사전에 정해져 있는 것이 아니었다. 자발적인 참여 그리고 그것이 만드는 우발성도 그렇게 해서 얻어진 다양성이다. 파사드는 통일되어 있지 않고 모두 제멋대로 분산되어 있다. 크롤에 의하면 랜덤하게 배열된 입면 패널 배치는 트럼프로 정해진 것이라고 말한 바 있다.

그렇지만 용의주도하게 설정된 개방형의 구조 또는 시스템을 제공하고 여기에 이러한 우발성을 개입시켰다. 골조라는 프레임만 주고 세부적인 내장인 인필infill은 사는 사람이 스스로 만들어간다는 생각을 앞세운 것이다. 곧 전체에는 질서가 주어져 있지만, 각각의 부분에는 자유가 주어져 있다. 전체적인 질서가 모두 결정되는 것이 아니라 각각의 부분은 자유로이 정해진다. "다양성은 그 자체가 가치이며, 인공적으로 만들어진 다양성이라도 의미가 있는 것이다. 그것은 정적인 미의식을 부정하고 있다."[44] 크롤의 말이다. 그 결과, 한 사람의 건축가가 모든 것을 결정한 방식으로는 결코 도달할 수 없는 풍부함을 얻을 수 있었다는 것을 알려준 선구적인 현대건축이 되었다.

그러면 왜 부분에 주목하여 전체를 만들어가는가? 무슨 목적을 위해 부분에서 시작하여 전체를 향하는가? 이 기숙사를 예로 들면, 왜 이런 방식을 택하는가에는 멀리서 보면 무질서하게 혼돈되어 있거나 아직 완성되어 있지 못한 것처럼 보이는 것에 대한 가치의 인식이 먼저 있었다. 건축가는 다양한 형태 속에 함께 거주하는 학생들의 다양한 생활 형태를 담아야겠다는 원칙이 먼저 서야 이런 작업을 할 수 있다. 새로운 대학 캠퍼스의 권위적인 마스터플랜과 경직된 건물에서 탈피하여 다양한 생활 형태를 스스로 표현하고 싶었던 학생들이 있어야 한다. 그리고 어찌 이 건축가를 알고 있었는지 학생들은 자신들의 기숙사 설계를 크롤이 맡아주기를 학교에 요구하기도 했다. 사용자도 부분을 모아 전체를 정하는 가치를 알고 있었기에 이런 작업이 가능했다. 이 건축가가 부분을 모아 전체를 만들면 왠지 좋을 것 같다는 취향에서 이런 결정을 하는 것이 아니다.

그렇다고 해도 부분과 전체를 그렇게 해보겠다는 원칙 설정만으로는 실현되지 않는다. 부분을 독자적으로 떼어내기 위한 치밀한 계획이 그 뒤를 따르고 있었다. 작은 광장 정면에서 보아 왼쪽에 있는 '파시스트Fascist' 동은 규모도 보통이고 평면의 모양도 비슷한 방을 공공의 복도로 연결한 것이다. 이 건물은 격자 모양의 유리벽이 정방형으로 덮여 있다. 그리고 마치 오래된 가로에 광장이 독자성을 지니듯이, 모양과 크기가 다른 방이 부엌과 식탁을 에워싸고 있다. 제일 위층에는 여섯 명 내지 여덟 명이 공동생활하는 2층 분이나 3층 분의 주택이 마련되어 있으며, 테라스 하우스 건물에는 아이가 있는 학생 부부들이 살고 있다. 한편, 오른쪽에 있는 '메메MéMé'는 미혼 학생, 독신자, 공동생활자가 분명히 구분되지 않은 채, 각자의 생활방식을 인정하며 살게 되어 있다. 여기에서는 개실을 침실로 한정하고, 몇 사람이 함께 사용하는 공동공간을 강조하고 있다.

공간의 연결이 우연한 만큼 재료도 부분적이다. 자연 소재에서 아스베스토asbestos, 벽돌, 유리, 철, 알루미늄, 플라스틱 등의 공업 생산품에 이르는 여러 가지 크기와 색깔의 재료가 복잡하게 조합되어 있다. 이와 같은 다양한 재료로 이루어진 건물의 표정이 이 기숙사에 거주하는 학생들과 그들의 생각을 도와주기 위해 모인 장인들의 손으로 만들어졌다.

공간과 재료에만 부분이 집합된 것은 아니다. 설계 과정도 부분으로 이어졌다. 건축가는 이 건물 설계에 대하여 이렇게 말한 바 있다. "학생들은 내가 그린 도면을 일일이 바꾸었다. 그들이 말하고 싶은 것을 가능한 한 중립적인 입장에서 들으려 했고, 이 일을 통해서 내 의견이 그다지 본질적이지 않다는 사실을 알게 되었다. 그러나 나는 건축가로서 최종적인 형태를 결정해야 했다." 그렇기 때문에 다양한 생활 형태를 표현하기 위한 자신의 금언인 "참여자가 없으면 계획도 없다.no participant, no plan."라는 의미를 지닌 것이 되었다.

이것은 사는 이가 살아가면서 마음대로 바꾸고 고치는 것과는 차원이 다르다. 이것은 어디까지나 건축가가 마련한 30센티미터로 규정된 철저한 질서 위에서 다양함이 표현된 것이다. 그리고 그것은 집합주택에 참여하는 사람들이 서로 영향을 미치며, 이웃하는 주택의 형태에 책임을 지는 것을 말한다. 이 기숙사의 건축가는 흔히 그러하듯이 구조체를 격자상으로 배열하고, 그 위에서 평면을 만들어간 것이 아니라, 반대로 거주자의 생활 의지가 배어 나오도록 개성 있는 주택을 연결한 다음, 이런 공간을 가능하게 하는 구조를 만들었다. 그렇기 때문에 기둥은 마치 우산대가 우산을 받치듯이 공간 한가운데를 지지하며 불규칙하게 배열되어 있다.

오브젝트의 회귀

자기중심적 오브젝트

건물을 말할 때 '조직fabric 직물'이라는 용어를 사용하면 그것은 연속하여 밖으로 계속 확장되는 것을 의미한다. 그런데 '오브젝트object'라는 용어를 사용하면 닫힌 요소, 한정된 것, 집중된 것, 금

방 알아볼 수 있는 것을 뜻한다. 그리고 혼자 서 있는 것, 다른 것을 자신의 배경으로 삼고 있는 것을 말한다. 건물이 주변의 환경에서 단절되어 물체로 자신을 주장하고 있는 것이다. 그래서 이런 오브젝트인 건물은 존재감이 뚜렷하다. '그림figure'과 '바탕ground'으로 말하자면 '바탕'인 '조직'에 대해서 오브젝트인 건물은 '그림'이 된다. 오브젝트는 자기중심적이어서 예외가 되기를 바라는 것이고, 규칙을 중단시키는 것이며, 고립해 있는 것이고, '바탕'에 대해 '그림'이 되고자 하는 것이다.[45] 이런 의미에서 보면 가장 강력한 분절은 오브젝트다.

가장 강력하게 표현된 오브젝트인 건물은 델피에 있는 원형의 톨로스 신전Tholos Temple이다. 이 신전은 주변을 둘러싸고 있는 높은 산속에서 다른 건물들과 함께 있으면서도 원형의 평면으로 모호함이 전혀 없이 주변을 압도하고 있다. 이 건물은 완벽하고 그 자체가 전체이며 주변과 연속해 있기를 거부하고 있다. 그러나 이 건물의 특징은 그것이 주위 환경으로부터 절단된 물질의 존재 형식이라는 점이다.

오브젝트인 건물은 도시 조직urban fabric 안에서 돋보인다. 이런 오브젝트는 건물 밖만이 아니라 건물 안에도 있다. 원기둥, 문, 창문, 난로, 제단 등 따로 떨어져 있는 것으로 그것에는 이름이 있고, 그 이름으로 공간의 정체성이 정해진다. 그러나 이런 것들은 주변이 균질하다고 여기고 홀로 그 안에 있는 경우가 많다. 바로 이런 것들이 도시 안에서는 신전이나 성채나 시장, 대성당, 시청사, 도시의 문처럼 모뉴먼트monument, 공공의 랜드마크라고 불리는 것들이다.

콘텍스트에서 오브젝트로

'오브젝트 지향 존재론object oriented ontology'이 있다. 이것은 미국 철학자 그레이엄 허먼Graham Herman이 중심에 되어 사람과 사물의 관계성만을 다루는 상대주의를 비판하고, 오브젝트 자체에 대한 생각을 발전시킨 존재론이다.

그는 오브젝트를 경시해온 이제까지의 철학을 둘로 나눈다. 곧 하나는 오브젝트를 '침식하는undermine' 타입이다. 이것은 오브젝트는 현실을 덮고 감추는 표피에 지나지 않는다고 생각하여 일원론이나 영원한 유전流轉이라는 형식을 취한다. 다른 하나는 '난굴하는亂掘, overmine' 타입이다. 이것은 오브젝트라는 생각 자체가 소박한 존재론에 지나지 않고 성질사과인 것은 존재하지 않으며 빨갛다, 딱딱하다는 등의 성질만 있다이나 관계의 바닥에 '오브젝트' 등은 존재하지 않는다고 생각한다. 이 두 가지는 모두 다른 방법으로 오브젝트의 중요성을 훼손하고 있다고 허먼은 주장한다. 허먼은 모든 것을 오브젝트라고 본다. 우편함, 전자파, 시공간, 영국연방 등 물리적인 것이든 허구적인 것이든 모두 똑같이 오브젝트다.

이에 건축가이자 건축이론가인 데이비드 루이David Ruy는 건축에서 처음으로 '오브젝트 지향 존재론'을 언급한 「이상한 오브젝트로의 회귀Returning to Strange Objects」에서 1990년대 후반부터 건축 오브젝트가 건축의 필드場로 바뀌어감으로써 건축이 오브젝트의 힘을 잃고 관계성이라는 심적인 이미지로 옮겨가고 있다고 비판했다.[46] 그리고 오브젝트인 건축이 마땅히 있어야 할 모습을 모색했다. 그는 관계성의 건축은 글로벌하게 진행하는 네트워크에 건축이 대등하기 위한 것이었으며 그것으로 많은 변화를 거두었지만, 이것은 건축이 사회나 문화적 환경의 부산물이라는 생각에 사로잡혔기 때문이라는 것이다. 그러나 이렇게 보면 건축은 과학적인 시스템과 네트워크의 일부분이며 또는 컴퓨터에 재현된 가상적인 것이 된다고 지적한다.

따라서 관계성의 건축은 건축을 콘텍스트문맥에서 나온 것이고 그것의 힘을 받았다고 흔히 생각하게 된다. 그러나 콘텍스트란 잴 수 있는 것도 있겠으나, 이에는 가상적인 것, 공상적 이미지인 것이 많다. 그런데도 건축을 언제나 콘텍스트 위주로 이해한다. 그러면 건축의 역할이 외적인 상황에 대해 우연히 존재하는 것이라는 생각을 당연하게 받아들이게 된다. 게다가 건축의 지성을 다른 여러 분야로 폭넓게 활용해보고 싶다는 생각을 낳게 하고, 이것이 오히려 건축가의 권한을 모호하게 만들게 한다는 것이다. 그러나 건축의 활동 분야가 넓어질 정도로 다른 분야를 가볍게 볼 수 없는데도 건축이 아닌 다른 분야로 활동의 범위를 넓히려고 한다.

오늘날은 건축이 오브젝트라고 하면 콘텍스트에서 독립된 것, 신비한 힘을 가진 인상을 주는 것 또는 건축의 자율성을 주장하는 시대착오적인 것으로 생각하면서, 그 반대로 건축이 커다란 관계성의 네트워크에서 우연을 향해 고립해 있다고 비판한다. 그렇다면 건축의 필드 이론이 내세우는 가정에 문제가 있다고 보아야 한다. 이렇게 되면 콘텍스트에 대한 고려가 반대로 건축 오브젝트의 중요성을 저하하게 만드는 원인이 된다. 그는 오브젝트에서 필드로 바뀐 것은 건축의 긴 역사 중에서 특수한 것에 지나지 않는다고 말한다.

그는 건축에서 콘텍스트라고 하면 일반적으로 문화적인 가치, 도시와 건축의 접속 등을 생각하지만 오늘날에는 궁극적으로 건축과 자연의 관계로 생각한다. 그러나 자연이 어떤 것인가? 자연은 궁극적인 환경이고 모든 물리적인 현상을 포함하는 필드다. 이런 무한한 필드를 가장 상위에 두고 건축을 자연으로 회귀시켜야 한다고 말하지만, 실은 이렇게 해서 얻은 것은 건축을 자연과 구별 없는 것으로 이해하게 만들었다는 것이다.

오브젝트가 관계를 바꾼다

현대 생물과학의 주류인 분자생물학은 생물의 몸 안을 속속들이 들여다보고 몸을 구성하는 분자 구조형태와 기능을 해명한다. 일종의 요소환원론이다. 그러나 생물은 아무것도 없는 진공 속에 떠서 생명을 유지하는 것이 아니라 생체 안의 분자도 다른 분자 상태로 형태와 기능이 바뀌는 것은 보통 일어나는 일이므로, 몸 전체의 문맥에서 따로 떼어낸 채로 충분히 생명을 이해할 수 없다. 생존을 생각하면 개체 레벨에서는 수명이 있으므로, 그 개체를 포함하는 어떤 한정된 집단이 세대를 거쳐 존속해가는 것으로 취급해야 한다. 때문에 환경을 기반으로 하여 어떤 환경 속에서 생물의 집단이 어떤 거동을 하며 사는가를 묻게 되는데, 이것이 생태학의 기본 사상이다.

그러나 반대로 생태학에서는 개체를 묻지 않는다. 대신 자연 시스템을 자기조직화로 이론화하고, 피드백이나 비선형성 등의 이론을 가져다 사용한다. 사회를 생태학적으로 보면 인간의 행동은 모두 불확정하다. 자연의 균형을 유지하기 위한 지속가능한 실천도 이와 같은 생각을 갖게 된다. 그러나 이 모두는 인류가 존속하기 위해 어떻게 하면 최대한의 이익을 얻는가에 최종 목적이 있다.

철학자 허먼은 이러한 관계주의의 위험을 지적하고 있다. 만일 오브젝트가 관계성으로 완전히 환원되어 버린다면, 오브젝트는 관계성을 바꿀 수 없게 된다. 오브젝트가 관계성과 조금이라도 다른 것이라면 오브젝트는 관계성과는 다른 무언가를 가지고 있다. 오브젝트가 그렇게 관계성 속에서만 의미를 갖는 문제아가 아니라면, 또 오브젝트의 이런 존재를 중요하게 생각하자고 해서 필드 또는 관계를 포기하는 것이 아니라면, 오브젝트라는 존재는 관계성과 다른 것이고 관계성을 바꿀 수 있다. 그리고 실제가 아닌 관계 또는 필드라는 개념도 실제인 오브젝트에 의해 바뀔 수 있다고 여기지 않으면 안 된다. 세계란 관계로만 있는 것이 아니다. 세계는 엄연히 여기에 있는 새, 저기에 심어져 있는 나무, 여기에 흐르는 강, 저기에 서 있는 건물로 구성되어 있음을 직시해야 한다. 그러므로 오브젝트는 의미 없이 우연한 것으로만 성립하는 것이 아니라 여러모로 접혀 있고 포개져 있다.

건축은 관계 속에 있는 아주 큰 오브젝트다. 건축만큼 많은 사람이나 다른 존재자들이 접촉할 수 있는 것은 거의 없을 것이다. 무수한 물질이 각각의 모습을 지닌 채 부분이 되어 이 큰 오브젝트에 참가하여 더 큰 전체를 이룬다. 이때 너무나 많이 말하고 실천하는 관계와 함께 세계를 구성하는 이 건축 오브젝트와 저 다른 건축 오브젝트는 서로 다른 오브젝트라는 것을 상기해야 한다. 다만 근대건축과 그 이전에 그러했듯이 건축 오브젝트라고 하면 반드시 따라야 하는 구성상의 규칙, 이미 있는 의미를 구현하는 도상적인 표현의 산물, 특히 주위에 대하여 나 몰라라 하고 홀로 무심히 서 있는 고립된 볼륨으로 되돌아가는 것은 아니다.

그래서 루이는 "건축 오브젝트로 회귀하는 것이란 관심을 사물 그것으로 되돌아가는 것이다. 이것은 다 알고 있는 것일지도 모른다. …… 건축 오브젝트에는 반드시 이론적인 접근에서 뒤로 물러나 있는 무언가가 있기 때문이다"라고 말한다.

부분의 관계

혼성계

사물의 집합

건축의 부분과 전체란 크기를 가진 부분이 집합하여 전체를 이루는 것이다. 이것은 치수가 작은 것을 부분으로 여기고 큰 것을 전체로 보는 것으로, 작은 부분이 모여서 더 큰 전체를 이룬다고 보는 경우다. 건축설계에서 부분을 상세히 그리는 디테일과 배치도나 평면도 등 축척을 가지고 그리는 일도 모두 부분과 전체의 관계를 나타낸다.

수원 화성의 성벽은 수많은 돌의 집합이라고도 할 수 있고, 돌들의 집적이기도 하며, 돌들의 구축이기도 하다. 다만 집합과 집적 그리고 구축은 전체를 이루는 방식이 다르다. 집합은 모아놓은 것이며, 집적하여 모았을 뿐만 아니라 그것을 위로 차근차근 쌓은 것이다. 그리고 구축은 그것을 모아서 쌓되 다시 그 쌓는 행위에 인간의 의지가 조금 더 깊이 들어가 쌓고 지은 것을 뜻한다. 따라서 화성의 성벽은 수많은 돌이라는 부분의 합보다 크다.

그런데 화성의 성벽을 찍은 사진을 보다가 오래된 돌 사이에 새 돌을 깎아 넣은 부분에 눈이 갔다. 이 돌에는 단순히 돌이라는 재료, 돌이라는 부분이라고 다른 부분과 똑같이 말할 수 없는 무엇이 분명히 들어 있다. 이 새 돌은 오래된 것 사이에 새것이 어떻게 들어가야 하는지, 새것이 오래된 것을 어떻게 존중해야 하는지, 시간이라는 것이 무엇인지 말하고 있다. 따라서 이 새로운 돌은 돌이라는 재료에 마주 선 돌이며, 돌이 가져야 할 본래의 모습을 드러내는 돌이다.

또한 이 돌은 새로 지어지는 건축이 주변 안에 어떻게 자리 잡아야 하는지도 말해준다. 그리고 이 돌은 사람이 주변의 다른 사람들과 어떤 관계에서 살아가고 생각해야 하는지도 말해준다. 건축을 하는 작업에 들어와 건축을 만드는 돌 하나는 건물을 짓는 구조적인 부재이기도 하지만, 건축이 지어지는 진정성, 건축 속에서 만들어지는 시간, 부분과 전체라는 사회적인 관계를 말한다. 그리고 이 세 개의 돌 앞에서 사람은 이러한 것을 공동으로 느끼는 감각을 가지고 있다. 이러한 이유에서 건축을 성립시키는 본질은 아무것도 변하지 않는다.

건축에서 부분과 전체의 관계를 이해하기 위해서는 첫 번째로 자연적으로 성립된 마을을 살펴보는 것이 좋다. 자연적으로 발생한 마을을 보면, 여러 부분을 모은 '집합'이 전체가 된다. 이런 마을에서 부분에는 또 다른 부분이 있고, 부분끼리 공통의 요소를 같이 가지고 있기도 하다. 이런 마을에서는 비슷한 부분이 많은 것처럼 보인다. 그만큼 마을을 이루는 주거가 기본이 되는 형식을 가지고 있기 때문이다. 그렇다면 이 경우, 마을이라는 전체를 이루는 부분은 모두 어떤 기본형이 변형된 것이다. 그렇기 때문에 비슷하게 보이며 동시에 무언가 차이를 갖게 된다. 이를 두고 부분의 유사와 차이라고 이름 붙일 수 있다. 비슷한 성질을 가지면서도 다른 한편으로는 무언가 또 이웃하는 그 밖의 부분과 다른 특징을 갖는다. 이런 마을에서는 똑같은 부분이 없다. 같은 것이 되려고 하면서 동시에 모두 달라져 있다. 이것이 마을이라는 환경 속에서 배울 수 있는 부분과 전체의 관계다.

마을은 부분의 '집합'이다. 어떤 부분이 전체에 종속되어 있지 않다. 마을은 전체에서 정해지지 않고 부분의 질서에서 형성된 것이 많다. 마을에는 질서가 있으나, 그 안에는 불완전함과 모호함이 공존하고 있다. 모호한 부분을 유지한 채 전체에 질서를 부여하는 방법으로 건축화한 것이 마을의 특성이다. 이 경우 부분은 기계의 부품과 전혀 다른 성격을 갖게 된다. 근대건축에서는 부분을 마치 기계의 부품으로 인식함으로써 새로운 건축을 만들고자 했다. 그러나 오래된 마을 안에는 부분과 부분의 관계만이 존재하게 된다. 예를 들어 마을을 구성하는 집 한 채가 사라진다고 해서 그 마을의 구성이 크게 달라지지는 않는다. 마을은 공간 그 자체가 아니라 집과 집, 집과 길, 집과 주변의 관계성 속에서 존재하기 때문이다. 그렇기 때문에 긴밀해 보이던 마을의 한 부분이 변하거나 예기치 않은 다른 것이 개입해와도 그런대로 받아들이는 잠재력을 가지고 있는 것은 이와 같은 부분의 관계성 때문이다.

두 번째로 건축에서 부분과 전체의 관계는 기물 → 가구 → 주거 → 도시 → 경관 → 지리학적 스케일 등의 단계로 구분되며 집합한다. 이는 기물을 가구라는 전체에 대하여, 다시 가구는 주거라는 전체에 대하여, 주거는 다시 도시라는 전체에 대하여 어떤 관계를 맺고 있는가를 논리적으로 생각하는 데 아주 유효한 방식이다. 물론 기물은 가구보다 크고, 주거는 가구보다 크다. 그러나 기물이 모여 가구가 되거나 가구가 모여 주거가 되는 것이 아니다. 크기와는 관계없이 서로의 관계 속에서 파악되는 부분과 전체의 논리다. 칸은 이와 비슷한 생각을 이렇게 표현했다.

고속도로는 강과 같다
이 강은 윤택한 지역을 형성한다
강에는 항구가 있다
항구는 도시의 주차 타워다
항구에서 운하의 시스템은 안쪽을 향한다
운하는 움직이고 있는 가로다
운하는 갈라져서 독dock에 들어가 종점이 된다
독은 건물의 현관이다.[47]

고속도로에서 강으로, 강에서 항구로, 항구에서 운하로, 운하에서 독으로 이어져 있다. 그리고 독은 건물 앞에 있는 것이며 말하자면 현관과 같은 곳이다. 이 문장에서 건물은 독까지 이어진다. 그리고 독은 운하로 이어지고 계속하여 저 멀리 있는 고속도로로 이어진다. 그런데 고속도로, 강, 항구, 운하, 독은 모두 교통 시스템이며 도시의 인프라 구축물이다. 건물은 연속하여 무언가로 이어지는 흐름 속에 있다는 것인데, 지금 내가 살고 있는 집도 이것과 똑같이 말할 수 있다. "내 집의 현관은 엘리베이터로 이어진다. 엘리베이터는 주자창으로, 주차장은 앞의 도로로, 그 도로는 더 큰 도로로, 그 도로는 한강으로, 한강은 고속도로로"라는 식으로 말이다.

칸이 "평면은 방room의 공동체이며, 살고 일하고 배우기에 좋은 장소다." "먼저 각각의 방이 어떻게 연결되어 있는가를 생각해보라. 그리고 그것을 하나로 만들기 위해 불러 모아보자." "건축이란 방들의 사회다."라고 말한 것은 독립성을 갖는 방에서 평면으로, 평면은 다시 더 큰 건축의 부분으로 이어지는 집합의 관계를 보여준 가장 좋은 예가 된다.

관계의 집합

건축을 집합으로 보는 경우는 사물이 모여 있는 것이 아니다. 부분에 대한 독특한 관계가 있을 때 이를 집합이라고 한다. 전체도 부분이며 부분 속에는 또 다른 부분이 있다. 어떤 부분과 다른 부분의 공통 부분도 부분이고 부분과 부분의 합도 부분이다. 만일 나무 기둥과 풀로 엮인 지붕이 모인 것을 집합이라고 말한다면 세상에 있는 모든 것이 집합이 된다.

집합 A의 요소가 모두 집합 B의 요소가 되어 있을 때 A는 B의 부분집합이라고 한다. 일주일의 요일인 일 월 화 수 목 금 토가 모인 것도 집합 A={일, 월, 화, 수, 목, 금, 토}이다. 요소가 세 개인 집합 A={1, 2, 3}의 부분집합은 { }, {1}, {2}, {3}, {2, 3}, {1, 3}, {1, 2}, {1, 2, 3} 등 여덟 개가 있다고 배웠다. 공집합도 이 집합의 부분집합이고 주어진 집합 그 차제도 스스로에게 부분집합이다.

건축을 지붕, 벽, 바닥이라는 세 가지 요소로 이루어진 집합이라고 본다면 건축에서 전체 A의 부분집합은 { }, {지붕}, {벽}, {바닥}, {지붕과 벽}, {벽과 바닥}, {바닥과 지붕}, {지붕과 벽과 바닥}이 된다. 그리고 전체는 {지붕, 지붕과 벽, 지붕과 벽과 바닥}으로 생긴다든지, 또는 {지붕, 벽, 바닥, 지붕과 벽, 벽과 바닥, 바닥과 지붕, 지붕과 벽과 바닥}이라는 것이다. 집합의 논리로 보면 건축의 전체는 지붕도 되고, 지붕과 벽도 되며, 지붕과 벽과 바닥도 된다. 전체도 부분집합이며, 부분에는 자립성이 있다.

건축이 지붕, 벽, 바닥이라는 세 요소로 이루어진다고 할 때, 마을 전체의 지붕 모습은 비슷한데 벽이 조금씩 다르다든지, 그러면서도 지붕과 벽과 바닥의 합이 서로 독자성을 가지면서 다른 건물의 형태와 어울리는 양상을 보이고 있는데, 이는 더욱 풍부한 전체를 얻는 유효한 방법이다. 전체란 요소의 집합으로 만들어진 부분집합의 집합이다. 부분에 자립성을 인정한다는 것은 이러한 전체를 얻겠다는 것이다.

마을은 주거의 집합이다. 주거는 집합의 요소가 되는데, 요소가 {1}, {2}, {3}, {2, 3}으로 표현되듯이 주거는 영역을 갖고 경계로 닫혀 있다. 영역에는 특성이 있는데 그 특성을 유지하고자 경계로 닫혀 있다. {1}, {2}, {3}, {2, 3}, {1, 3}, {1, 2}, {1, 2, 3}은 영역으로 있는 여러 부분이며 고유한 의미를 갖고 있기에 {1}, {2}, {3}, {2, 3}이라고 { } 안에 넣어 표기한다. 그리고 이 부분은 {1, 2, 3}라는 전체와 관계를 갖는 부분이다.

주거가 영역인 것은 바닥과 기둥과 지붕이라는 물질적 결합 때문이 아니라 가족이라는 구별된 인간 집단이 살기 때문이다. 주거는 물질적 결합 방식이 아니라 영역 안에 닫혀 있어야 할 가족의 전체성에서 비롯된 것이다. 이 가족은 다른 가족과 결합하거나 공유하는 집단이 아니다. 주거는 본래 닫힌 것이며 개별적인 것이다. 다른 가족은 같이 살아야 할 이유가 없는 이상 닫힌 것이며 개별적인 것이다. 따라서 가족은 { } 안에 넣어 표기될 수 있는 집합을 이루는 요소와 같은 성질을 담고 있다. 주거 안은 가족의 질서가 있는 곳이지만 주거 밖은 가족의 질서와는 무관한 곳이다. 주거는 개별적이기 때문에 마을은 주거의 집합이 될 수 있다. 주거가 밖을 향해 열릴 수 있고, 광장을 둘러싸고 공유하는 주거가 있다면 이것은 하나의 영역이 된다. 이 사실에는 변함이 없다.

그런데 집합에는 규정이 하나만 있다. 그것은 범위가 엄격하게 정해져 있다는 뜻이다. '이 방에 있는 사람의 집합'은 이 방에 입구가 있어서 사람이 계속 드나들면 집합이 아니다. 드나드는 사람은 방에 들어올 것인지 아닌지를 판단할 수 없기 때문이다. 또 이 방에서 '키 큰 사람의 집합'이라고 하면 어디까지가 키 큰 것인지 정하지 않았으므로 이것도 집합이 아니다. 이 범위가 주거 또는 건축으로 말하자면 경계이고, 범위 안에 들어가는 것이 영역이며 인간의 집단이다.

이와 같이 주거가 모인다고 집합이 아니다. 집합이기 위한 조건이 늘 있다. 주거의 영역에는 고유성과 개별성이 있으며, 이들의 영역은 겹치지 않고 병존竝存한다. 두 영역이 동시에 성립하기 위해, 또 서로 접촉하기 위해 겹치거나 간섭하는 것은 집합이 아니다. 집합은 성질이 다른 공간을 사이에 두고 접촉하지, 통일성을 유지하기 위해 겹치거나 간섭하지 않는다. 따라서 부분은 자기완결적인 전체이기도 하다. A={1, 2, 3}의 부분집합 {1}, {2}, {3}, {2, 3}, {1, 3}, {1, 2}, {1, 2, 3}은 A={1, 2, 3}보다 못하거나 부족한 부분들이 아니며, 부분 {2}나 {2, 3}은 전체인 {1, 2, 3}과 대등하고 자립적인 부분이다.

집합set은 집합 안의 요소와 요소의 상호관계를 정하는 규칙이 수학적인 구조structure다. 집합 내부에 있는 요소의 관계가 구조가 된다. 집합은 그 내부 관계로 환원된, 즉 다른 말로 하면 경계 안에 닫힌 요소가 모인 것이다. 그런데 그렇게 되기 위해서는 내부 관계를 구성하고 있는 초월적인 중심 자체가 집합의 요소 밑으로 끌어내려져야 한다. 수학에서 가르치는 집합이 지니는 본래의 의미는 어떤 집합영역과 다른 집합영역을 확연하게 구분할 수 없다는 것, 또 집합의 요소인 것 자체가 동일성identity을 갖고 있지 않다는 것이다.

전체의 질서란 반드시 톱다운으로만 되는 것이 아니다. 이에는 질서가 국소적인 대응관계로 이루어지기도 한다. 예를 들어 중복도를 두고 방을 나란히 배열할 때 부분은 고전건축에서 보던 부분과 전체와는 다르다. 비평가 루이스 멈퍼드Lewis Mumford는 복도에 대해 이렇게 썼다. "18세기가 되자 모임을 개최하고 환담하기 위한 특별한 응접실인 살롱이 나타났다. 이 방들은 모두 서로 독립적으로 복도를 따라 늘어섰다. 그것은 마치 새로운 복도 가로를 따라 집들이 늘어선 것을 닮아 있었다. 프라이버시를 위해 복도라는 특별한 공용의 순환기관을 만들었다고 할 수 있다."[48]

복도를 따라 늘어선 방들은 독립적이며 방과 방의 직접적인 연결은 없다. 방들은 복도에 면해 있지만 그것이 옆에 있는 방들과 직접 이어진다고는 말할 수 없다. 복도에 기대어 늘어선 방들部分은 프라이버시를 위해 서로 떨어져 있어서 독립적이다. 그러나 전체 속에서 고유한 역할을 하지 못한다. 그래서 근대건축에서 방들을 기능적으로 조합할 때 이런 방식을 사용했다. 이 경우에는 요소가 독립되어 있기는 하지만 {1}, {2}, {3}만 있으며, {2, 3}, {1, 3}, {1, 2}은 성립하지 않는다. 이러한 복도 배열에서는 {1, 2, 3}의 관계는 더더욱 성립하지 않는다. 곧 요소의 독립성이 집합이라는 부분과 전체의 관계는 아니다.

그런데 이와는 반대로 보텀업의 방식으로 복도 없이 방과 방을 그대로 이으면 그 전체는 어떻게 될까? 똑같은 방이라도 복도로 결합되지 않으면 방과 방의 관계가 중요해진다. 복도는 방들을 자유로이 배열시키고 방들 사이의 관계에 관여하지 않았으나, 복도가 사라지고 방만 있으면 방部分 사이에 높고 낮음이 생긴다.

칸은 방과 방이 통로로 이어지지 않고 어떤 방을 부분으로 나눈 다음, 이 작은 방들을 다른 큰 방 주위로 다시 배열한 다이어그램을 보여주었다. 이 다이어그램은 교회의 본당이 있고 다른 한편에는 주일학교가 복도로 연결되어 있는 건물을 예로 들면서, 주일학교를 구성하는 방들을 부분으로 만들고, 이 방들을 본당 주변에 배열했다. 물론 이때도 주일학교에서 구분된 방들은 본당을 둘러싸는 복도로 연결되어 있다. 그러나 주일학교의 방들은 본당에 대한 관계가 훨씬 크고 이들끼리의 관계는 그다지 크지 않다는 점을 생각하면 또 다른 방식으로 서열을 가지게 된다.

칸은 도미니코 수녀회 본원 계획에서 복도와 중정이라는 형식으로 부분과 전체를 구성한 예를 보여주었다. 방들이 복도를 ㄷ자로 둘러싸고 있다. 이때 수녀들의 방은 독립적이며 방들의 위계는 없다. 그러나 경당과 식당, 집회실 등 공동시설군은 이와는 달리 각각 대등하다. 그리고 직접 접하고 있다. 경당 {1}, 식당 {2}, 집회실 {3}이 성립하며, 식당에서 집회실 {2, 3}, 경당에서 집회실 {1, 3}, 경당에서 식당 {1, 2} 그리고 경당과 식당과 집회실 {1, 2, 3}, 나아가 개실과도 함께 성립한다. 이런 상태가 집합의 상태다.

그러나 이것을 두고 복도로 이어진 방들은 띄엄띄엄 있지 않고 붙어 있고, 공동시설군은 사이를 두고 띄엄띄엄 배치되었기 때문에 집합적이라고 하는 것이 아닐까 하고 생각해서는 안 된다. 다만 각 부분에는 그것을 둘러싸는 회랑 등 접속부를 반드시 두고 있다. 그러나 이것은 문지방처럼 접촉할 수 있게는 하지만 간섭하기 위한 것이 아닌 접속부이며, 성질이 서로 다른 공간의 독립성을 유지하면서 그 사이를 오고 가기 위한 장치를 반드시 두고 있다.

이와 같이 건축을 집합으로 해석하고자 하는 경우 부분과 전체의 관계가 하나하나 따로 있지 않고 모여 있을 때 힘을 발휘한다는 해석은 엄밀하게 집합에 관한 것이 아니다. "한국 소나무는 하나만 떼어놓고 보았을 땐 볼품없지만 모여 있으면 이렇게 신성한 숲을 이룬다." "건물 하나하나는 아름답지 않지만 전체적으로는 아름다운 숲을 이루는 것"이라는 결론은 집합이 아니라 단순히 모여 있는 느슨한 전체를 말하는 것에 머무른 것이다. 따라서 "집합이 건축이다"라든가 "한국 건축은 곧 집합"[49]이라는 주장은 엄밀한 의미에서 '집합' 이론이 아니다.

이 경우 공간과 형태, 건물, 건물군, 환경까지 중층적으로 구성되는 것이 집합의 관계라고 말하고 있으나, 이것은 관계의 구조이지 집합의 관계는 아니다. 병산서원의 만대루는 독자적인 기능을 갖는 건물이 아니라 자연과 건물군, 각 영역군 사이를 연결하는 '매개적' 존재이며 자연을 끌어안는 시각적인 '미디어'로 기능한다고 보고 있다.

그러나 집합이란 매개하는 것이 아니라 요소의 독립이며, 서로 접촉하기 위해 겹치거나 간섭하는 것이 아니다. 이런 해석 이외에도 관계는 많은 방식으로 적용된다. 따라서 건물들 사이의 '관계성'을 해석했다고 해서 그것이 곧 집합적 관계는 아니다. 더욱이 건물이 다시 배치되고 증축되는 역사적 시간까지도 집합이라고 해석한다면, 건축은 집합의 역사가 된다.

병산서원 만대루의 이러한 작용은 산토리니의 주거군과 다르다. 오히려 산토리니의 주거군은 서로 이어져 있지만 개체가 독립되어 있다. 또한 개체와 개체 사이에 있는 계단, 지붕, 마당 등의 중간 지대는 각 영역을 매개하는 것이 아니라 독립된 요소 사이에 {1}, {2}, {3}, {2, 3}, {1, 3}, {1, 2}, {1, 2, 3}처럼 전개되는 무수한 부분집합이 있다. 그러나 1 ← → 2 ← → 3 ← → 2, 3 ← → 1, 3 ← → 1, 2 ← → 1, 2, 3처럼 매개하는 개체가 집합은 아니다.

곤란한 전체

『건축의 복합성과 대립성』[50]은 근대건축의 순수주의에 이의를 제기한 건축가 벤투리의 저작이다. 건축과 도시설계에서 형태의 단순성이나 기하학적인 순수성을 표현하는 것이 주류를 이루었던 1960년대에 벤투리는 이것이냐 저것이냐 하는 양자택일이 아니라 양자 공존, 중세 서구에서 볼 수 있는 다양성이나 때로는 대립하는 요소를 품은 건축이 좋다고 주장했다.

그는 역사적인 건축을 사례로 들면서 복잡함이나 모순에 의한 매력을 자세히 설명하고, 지나치게 단순해진 근대건축의 진부함을 비판했다. 이러한 벤투리의 사고의 토대는 그가 사사한 칸이 말하는 '주공간'과 '부공간'의 대립성contradiction에 힘입은 바가 크며, 이것으로 1980년대의 주류를 이루었던 포스트모더니즘을 일찍이 예언한 것이 되었다. 이러한 이유에서 빈센트 스컬리Vincent Scully는 "이 책은 1922년 코르뷔지에의 책 『건축을 향하여』 이후 건축에 대해 쓴 저작 중 가장 중요한 책"이라고 서문에서 평가하고 있다.

그가 말하는 대립성은 부분이 대등할 뿐만 아니라 모순되는 것이다. 이 부분은 '그럼에도'의 관계에 있다. 그래서 이 부분과 저 부분은 모두 함께 이웃할 수 있다. '양자공존both-and'의 건축은 닫혀 있으나 '그럼에도' 열려 있다든지, 평면은 좌우대칭이나 '그럼에도' 비대칭이라든지, 입구가 강한 방향성을 가지는데 '그럼에도' 마주하는 벽은 개구부가 없는 관계의 건축을 말한다. 부분이 이중의 기능을 갖는 경우도 있다. 어떤 부분이 복도이면서 방이 되거나, 유니테 다비타시옹Unité d'Habitation의 브리즈솔레유brise-soleil가 차광판도 되고 구조체가 되는 것이 이에 속한다.

부분의 성격이 이러하면 그렇게 해서 얻어진 전체는 간단히 얻어지는 것이 아니다. 부분을 중요하게 여기고 부분의 여러 조건을 감안하면서 부분을 집합시켜 하나의 전체를 구성할 때, 각각의 부분이 여기저기에서 조금씩 얼굴을 내밀게 되는 전체가 만들어진다. 벤투리는 이것을 이 책의 마지막 부분에서 '곤란한 전체difficult whole, 또는 '복잡한 전체'라고도 번역한다'라는 이름으로 다루고 있다.[51] '곤란한 전체'는 예정조화적인 전체이고 하나의 기하학적 형태로 전체가 정리되지 않는다. 그리고 일관성이 떨어지고 확실히 지각이 안 되어서 전체를 달성하기가 어려운 것이지, 다양한 요소를 인정했다고 해서 전체가 만들어지지 않는 것은 아니다. 부분이 단 한 개이면 그것으로 통일을 이루게 되고, 부분이 많으면 스케일이 바뀌거나 전체를 덮는 패턴이나 텍스처가 달라져 무언가 전체를 얻을 수는 있다.

루이스 설리번Louis Sullivan이 설계한 파머스 앤드 머천트 유니온 은행Farmers' and Merchants' Union Bank의 입면은 1층의 왼쪽 창과 오른쪽의 문으로 양분된다. 그러나 창도 문도 위에 있는 장식 축으로 양분되어 있다. 그러나 이 장식 축이 은행의 명판에 분명한 윤곽을 주며 전체를 3분할한다. 인방 위의 아치는 크기가 압도적으로 커서 아래에 있는 문과 창의 이중성에 눈이 가지 않게 해준다. 이와 같이 부분 자체가 전체이기도 하며 하나의 전체는 더 큰 전체의 일부이기도 하다. 이 건물에서는 부분이라고는 해도 전체에 종속된 것이 아니라, 그것보다는 조금 더 큰 전체의 부분이 되어 있다.

이와 같은 부분의 역할을 벤투리는 '굴곡屈曲, inflection'이라고 부른다. '인플렉션 포인트inflection point'를 변곡점이라고 하듯이, 함수 곡선에서 한 점의 좌우가 오목에서 볼록으로 바뀔 때 이 점을 변곡점이라고 한다. 그러니까 굴곡이란 어떤 부분으로 자신을 판별하는 동시에 전체를 암시한다. 이런 부분은 그 자신은 독립할 수 없어서 다른 요소에 의존하지만, 부분은 그 자신이 전체이며, 전체는 더욱 큰 전체의 일부가 된다. 이 '굴곡'은 부분으로 전체나 연속을 암시하고, 커다란 전체 속에 놓임으로써 비로소 의미를 갖는 반기능적半機能的인 역할을 한다. 그리고 '우발적인 부분'이나 '해결되지 못한 부분'도 배제하지 않고 그것을 포함해 포괄적인 전체를 지향한다. 이렇게 얻어지는 '전체'를 '곤란한 전체'라고 불렀다.

조선시대의 조각보는 부분과 부분의 관계 속에서 얻어진 '곤란한 전체'다. 전체의 요소는 각각의 다른 모습을 유지하면서도 전체의 부품이 아니며 전체는 질서를 가지고 있다. 조각보의 요소는 하나하나 전체의 표정을 결정하는 데 독자적인 역할을 하고 있다. 이 조각보의 전체는 복잡하고 다양하게 만들어진 부분의 전체이며, 떨어져 있으면서도 연결되어 있는 '곤란한 전체'다.

브리콜라주

콜라주collage는 현대회화의 한 기법으로 프랑스어로 '풀로 붙임'이라는 뜻이다. 신문을 오려낸다든지 벽지나 서류 또는 잡다한 물체 등 온갖 성질과 논리가 따로따로 흩어진 소재를 조합하여 작품을 만드는 것을 말한다. 따라서 콜라주 회화는 일종의 합성화다. 어디엔가 있던 전체에서 잘라낸 부분들을 단편으로 만들고 그것을 우연히 만나게 함으로써 완벽한 전체가 아닌 부분으로서만 존재하는 전체를 만들어가기 위함이다.

콜라주와 비슷하게 들리는 '브리콜라주'는 레비스트로스가 그의 저서 『야생의 사고The Savage Mind』에서 문화용어로 사용했다. '브리콜라주'는 원래 프랑스어로 '여러 가지 일에 손대기' 또는 '수리'라는 뜻을 지닌 말이다. '여러 가지 일에 손을 대는 사람'이나 브리콜라주를 하는 사람을 '브리콜뢰르bricoleur'라고 한다. 레비스트로스가 구성 요소의 배열의 변환군變換群, 한번 사용한 물건을 버리지 않고 재사용하는 것으로 성립된 '신화적 사고'를 비유적으로 나타내기 위해서 사용한 말이다. "신화적 사고의 본성은 잡다한 요소로 이루어지고, 많이 있다고 해도 역시 한도가 있는 재료를 사용하여 자기 생각을 표현하는 것이다. …… 따라서 신화적 사고란 일종의 지적인 브리콜뢰르다."

엔지니어는 이론이나 설계도에 바탕을 두고 완성이라는 목적을 향하여 새로운 물건을 만들어내지만, 이와는 대조적으로 브리콜뢰르는 전체 설계도가 없다. 또 설사 있다고 하더라도 그 계획이 변형될 때 반드시 무언가 쓸모 있다고 생각하여 모아온 단편, 그 자리에서 입수할 수 있는 것 또는 이미 주어진 기호를 다시 이용하고 모아서 그것을 부분으로 삼는다. 계획이 바뀌어 그때그때의 목적에 맞게 시행착오를 겪으며 최종적으로 새로운 사물을 만든다. 브리콜뢰르는 이미 있는 물질을 모아 만드는 사람으로 창조성과 기지가 필요하고 잡다한 사물이나 정보 등을 모아 조합하며 본래의 목적을 위해 맞추어진 기존의 재료나 기구를 다른 목적으로 쓰일 물건이나 정보로 만드는 사람이다. 브리콜라주로 목적과 수단이 콘텍스트에서 떨어져서 다른 장소에서 융합함으로써 새로운 의미로 작용하게 만든다는 점에서 콜라주와 비슷하다.

컨베이어 시스템에 의한 생산은 근대 생산 과정에 커다란 혁신을 가져왔다. 이 생산의 특징은 분업이다. 분업은 복잡한 생산공정을 단순화하여 전체 공정에 숙련되어 있지 않아도 개별공정에 대해 전문화만 되면 상품을 만드는 데 문제가 없었다. 그런데 원시 시대의 손재주꾼은 이와 달랐다. 부족사회의 문화담당자인 '브리콜뢰르'는 여러 분야에서 다양한 일을 해하며, 한정된 재료와 도구를 가지고 여러 일을 능숙하게 해냈다. 이전에 필요하여 이미 만들어져 있으나 따로 떨어져 있던 것을 새로운 것을 만드는 수단으로 활용하여 상황에 맞게 하나로 통합하는 기술이 '브리콜라주'다. 전화, 음악, 게임, 인터넷 커뮤니케이션 등 그동안 컴퓨터 브라우저상에 개별적으로 있던 것을 스마트폰으로 통합한 스티브 잡스가 21세기 브리콜뢰르다.

이런 브리콜라주는 건축설계에 가장 많이 나타나는 방식 중 하나다. 노르웨이 건축가 스베레 펜Sverre Fehn이 설계한 북유럽 파빌리온Nordic Countries Pavilion•은 아주 단순하지만 북유럽의 공기를 느끼게 해주는 파빌리온이다. 그런데 이 파빌리온은 예전부터 있던 나무를 전시장 안에 그대로 두었다. 여기에서 이 나무들은 분명히 한 부분이다. 어쩌면 이 부분은 건축가의 배려가 없었으면 사라져버렸을 나무들이다. 그러나 이제는 이 나무들이 전체의 중심이다. 부분은 늘 전체 속의 부품과 같은 것으로 있는 것이 아니다. 이것이 부분의 소중함이다.

건축은 그것을 구축하는 콘크리트를 사용하고 있어도 주변에 있던 것을 대지에 이미 있던 것으로 도입한다. 앞에서 브리콜라주에 대하여 적은 바를 이 파빌리온에 대입해보자. 그러면 이렇게 된다. 나무들은 건축물을 만드는 "한정된 재료와 도구"다. 그리고 이 파빌리온은 "따로 떨어져 있던" 나무를 파빌리온이라는 "새로운 것"을 만드는 수단으로 활용하여 북유럽의 환경을 불러일으키는 "상황에 맞게" 이에 전시된 많은 예술작품과 관람하는 사람들까지도 "하나로 통합하는 기술"인 건축이 되었다.

브리콜라주에서 부분은 관례적으로 놓여 있던 곳에서 갑자기 이탈하여 새로 배열된다. 이미 있던 것을 모아서 쓰는 부분은 관계로부터 절단된 부분들이다. 그러나 모으던 단편만을 늘어놓고 보아도 서로 이질적이지만, 그것이 구조주의의 '구조'가 완성되어가는 사이에 점차 직소 퍼즐처럼 맞아 들어간다. 일종의 '편집'

이다. 언제나 부분과 전체의 관계가 유기적으로 움직이고 있어 어딘가에서 매듭이 지어질 때, 다음에 들어온 부분이 쑥쑥 자라 전체를 이루게 되는 양상은 부분이 모여 전체를 이루는 중요한 방식의 하나가 된다.

군조형

마키 후미히코槇文彦는 「집합체 연구集合體 硏究, Investigations in Collective Form」[52]에서 부분으로 전체를 형성하는 도시 형태를 3가지 집합체로 구분하였는데, 그중에서 '군조형群造形, group form'은 부분과 전체에 관한 건축물의 집합 이론에 매우 중요한 정의가 되었다.

먼저 '구성적 형태compositional form'는 "집합을 형성하는 요소는 디자인 과정에서 존재 각각의 독립성에 강하게 인식되고, 그 요소의 대응관계에서 독립하는 집합"이다. 이것은 각각 독립된 상징적인 건물이 점재하고 서로 다른 형태를 구성하여 통합하며 도로 등을 잇는 요소가 부가된 집합체다. 오스카르 니에메예르Oscar Niemeyer에 의한 브라질 수도 브라질리아가 대표적이다. 두 번째 '메가 폼mega form'은 "집합을 형성하는 시스템이 실체화된 형태로 나타나는 집합"이다. 먼저 전체의 골격이 그려지고 그것에 요소를 충진해감으로써 전체가 커다란 사물처럼 통합되어 그 자체가 형태를 결정하는 거대 조형이다. 일본 건축가 단게 겐조丹下健三가 1961년에 제안한 '도쿄 계획 1960' 등이 여기에 해당한다.

세 번째 '군조형'은 "집합을 형성하는 요소 사이에 무언가의 강한 공통인자가 존재하고 그것이 집적하여 생긴 집합"이다. 비교적 작은 독립 요소의 집합체이면서 그것에 존재하는 공통의 형태적인 특징이 부드럽게 통합되는 조형을 말한다. 이것은 그가 중근동에서 지중해 연안에 걸쳐 흙벽돌을 바탕으로 한 민가군民家群을 만나면서 관심을 갖게 된 것이다. 복잡한 지형에 대해 단순한 기본형을 자유자재로 조합하면서 민가 하나하나가 집합하여 만들어진 매우 매력적인 전체집합체를 말한다.

'군조형'을 전면에 내세우기 위한 "집합적 형태 연구"는 형태의 관점에서 집합의 연쇄linkage와 유형에 관한 것이다. 개체가 어떻게 발달하며 그것들이 어떻게 전체로 집합을 만드는지, 개체와 개체의 유기적인 결절結節을 제안한 것이다. 그는 개체와 전체의 관계성을 '집합 형태'라는 말로 표현했다. '군조형'은 자연계가 갖는 유기적인 구조이며, 단일한 건축물이 아니라 건축물의 집합체로 이루어진 도시의 구조에 관한 것이었다. 따라서 '군조형'은 도시 이론이 아니며, 부분과 전체에 대한 건축이론이다.

'군조형'은 마치 유전적으로 유사하지만 완전히 똑같지는 않은 형태가 집합하는 방식, 그래서 고대 중세도시나 지중해 연안에 발달한 아름다운 언덕 위의 마을이 그렇듯이, 개체가 연속하고는 있으나 하나하나 독립성이 낮은 연속체로 인식된다. 건축이란 결코 단독으로 서 있는 존재가 아니며, 기존의 문맥 안에 들어간 도시 시스템의 일부라는 인식이 그 안에 들어가 있다.

'군조형'은 건축과 도시가 만나는 결절結節, node에 관한 것이며, 도시란 미리 예측하며 설계하는 것이 아니라 군으로서 작동하는 바를 설계하는 것을 말한다. 당시 메타볼리즘Metabolism이나 스미슨 부부가 도시와 건축을 분절한 채 연결하려 했다면, 마키槇의 '형形'은 '모으고 붙이는 것'이었다. 그리고 그것은 작은 스케일의 건축에서 도시로, 도시에서 건축으로 피드백하며 느슨한 질서를 이루는 접근 방식을 일찌기 보여준 것이었다. 그래서 벤투리는 "'곤란한 전체'는 말하자면 어떻게 해서든 곤란한 양상을 띠게 된다. 군조형에서 출발하는 마키의 경우, 무언가 전체인 형태가 보이기도 하고 숨기도 하지만 그래도 그의 강한 의지로 하나의 기하학적 형태에 의한 전체 조정을 하지 않으므로 역시 '곤란한 전체'일 수밖에 없다."[53]며 그 가치를 평가했다.

도시에서 건축을 설계한다는 것은 도시 안에 형태를 집합시키는 것이고, 따라서 건축은 도시 안에서 부분과 전체의 형태를 묻는 것이다. 도시는 건축이라는 작은 부품으로 구성되는 집합체다. 그럼에도 20세기 이후의 도시에서는 수천 명, 수만 명이 일하는 초고층 건물처럼 작은 동네보다도 큰 단일한 건축물이 나타났다. 도시에는 뉴타운이 건설되고 대규모의 전체를 한 번에 계획하는 것이 일반적인 방법이 되었다. 이러한 배경으로 볼 때 '군조형'은 부분이 적응할 수 있는 증식과 갱신에 의한 건축으로 이루어지는 도시의 부분 집합을 제안한 것이었다.

복잡계

카오스와 프랙털

건축의 역사를 통틀어 단순한 순수기하학이 오랫동안 되풀이되어 사용되어왔다. 그 이유는 순수기하학적 형태로 완결된 오브제를 만들 수 있고, 조화롭고 안정되며 통일성을 주기 때문이었다. 그런데 현대건축은 이러한 순수기하학을 좋아하지 않는다. 순수기하학은 완결되고 고립되는 오브제가 된다.

"건축가는 언제나 순수 형태를 꿈꿔왔다. 곧 어떤 불안정감이나 무질서도 배제한 대상을 만드는 것을 꿈꿔온 것이다. 건물은 육면체, 원통형, 구, 원뿔, 사각뿔 등 단순한 기하학적인 형태를 사용해 서로 싸우지 않는 구성수법을 따르면서 안정된 조화를 이루도록 결합되며 만들어졌다. …… 이 조화로운 기하학적 형태는 그대로 건물의 실제 구조체가 된다."[54]라는 마크 위글리Mark Wigley의 말을 잘 들여다보면 순수 형태가 문제다. 순수 형태를 선택하는 것은 그것이 불안정감과 무질서를 밖으로 밀어내기 때문이다. 그리고 안정된 조화만을 추구하고, 기하학적 형태로 건축물의 질서를 표현하기 때문이다. 그러니까 순수한 기하학적 형태 자체가 문제가 되는 것이 아니다. 그것을 선택하기 위해 불안정감과 무질서는 밀어내고 오직 안정, 조화, 질서만을 추구하는 데 문제가 있다.

지금은 사라지고 없지만 구룡채성九龍寨城, Kowloon Walled City은 홍콩 국제공항에서 몇백 미터 떨어진 곳에 있는 극단적인 고밀도 주거 집합지였다. 1980년대까지 약 2.7헥타르의 대지에 최고 16층, 건축면적 최대 50제곱미터, 최소 20제곱미터도 안 되는 연필 건물군이 약 500채 모여 있었다. 인구밀도는 약 19,000명/헥타르이고, 3-4층에 집중된 비주택 시설과 그 위의 주택으로 구성되어 있었다. 아마도 이 지구상에서 카오스chaos라는 말이 어울리는 몇 안 되는 주거지라면 이것이 최고를 차지했을 것이다. 이런 주거지를 보면 단순한 순수기하학, 완결된 오브제, 모든 사람에게 통용되는 보편성이라는 것이 과연 이들에게 무슨 의미가 있으며, 건축이론에서 말하는 부분과 단편이 집적되어 있다 함은 과연 무엇을 뜻하는 것일까 다시 묻게 된다.

카오스는 건축에는 전혀 맞지 않을 뿐 아니라 건축의 본질상 카오스를 건축 이론에 적용한다는 것은 모순이다. 카오스는 그 자체로 존재하는 개념이며, 원리는 세계가 창조되기 전의 혼돈된 상태를 나타낸다. 카오스는 상황이 복잡하여 이해할 수 없는 상태, 수습이 안 되는 상태, 무엇이 일어나는지 알 수 없는 지리멸렬한 상태를 이른다. 그래서 무질서disorder와 비슷한 것이 아닐까 하고 생각하기 쉽지만 전혀 그렇지 않다. 무질서도 질서 개념의 하나다.

이는 현실세계의 상황 속에서 질서가 혼란스럽다든지 무질서하다는 개념으로는 처리할 수 없게 된 것과 깊은 관계가 있다. 오늘날에는 카오스를 코스모스와 결합한 '카오스모스'의 개념이 주목을 받고 있다. 카오스모스란 카오스혼돈와 코스모스질서 있는 우주의 합성어로, 아일랜드 출신 소설가 제임스 조이스James Joyce가 제일 먼저 이 말을 만들었다고 한다.

카오스는 20세기의 과학이 보여준 아주 중요한 성과였다. 이전에는 복잡하게 보이던 현상도 실은 단순한 원리에 의한다고 생각했다. 그런데 물이 끓는 현상이나 회오리바람, 태풍, 특정한 생물의 개체가 늘어나거나 줄어드는 것 등은 매우 복잡하고 불규칙한 운동을 보인다. 그래서 이전의 논리로는 철에 왜 녹이 생기며 쓰러진 나무는 왜 썩는지, 나무는 어떻게 성장하는지 설명할 수 없었다. 카오스는 무질서를 향하는 자연의 흐름인 열역학 제2법칙을 역행하고, 시스템이 에너지를 거두어들이면서 자기를 조직하고 질서를 낳는다. 따라서 카오스란 랜덤과는 근본적으로 다르며 질서코스모스와 대립되는 것으로 파악할 것이 아니다.

카오스 이론은 처음에는 별로 주목을 못 받았지만 최종적으로는 중대한 변화를 미쳤다. 카오스 연구가 본격화한 1960대 초의 기상학자 에드워드 로렌츠Edward Lorenz에 의한 컴퓨터상의 시뮬레이션이 단서였다. 베이징에서 나비가 날갯짓을 해서 생긴 아주 작은 기류가 뉴욕의 날씨를 바꿀지도 모른다는 '나비 효과'로 잘 알려지면서 이것이 다른 분야로 확장되었다. 카오스는 프랙털fractal 이라고 부르는 자기상사 구조自己相似構造를 갖고 있는데, CG로 만든 영상이 유통되면서 프랙털은 자연계의 참신한 형상으로 주목받게 되었다.

복잡계複雜系란 많은 요소로 이루어져 있고 부분이 전체에, 전체가 부분에 서로 영향을 주어 복잡하게 거동하는 계系다. 종래의 요소 환원에 의한 분석으로는 파악하기 곤란한 생명, 기상, 경제 등의 현상에서 이 복잡계를 다룬다. 단순한 초등기하학과는 달리, 같은 기하학에서 위상기하학도 생겼다. 그리고 프랙털기하학fractal geometry도 나타났다. 프랙털기하학은 1970년대에 브누아 망델브로Benoit Mandelbrot가 만든 기하학으로 이론적으로는 많은 자연물을 정의할 수 있다. 그에 따르면 "구름은 구가 아니고, 산은 원뿔이 아니며, 해안선은 원이 아니고, 나무껍질은 매끄럽지 않으며, 번개는 똑바로 나가지 않는다."[55]

프랙털이란 부분이 전체와 무언가 닮아 있는 도형을 말한다. 예를 들면 어떤 직선을 3등분하고 두 번째 선분의 길이를 두 배로 한 정삼각형의 두 변을 만드는 작업을 반복하면 코흐Koch, Helge von 곡선이 생긴다. 코흐 곡선은 전체의 4분의 1로 축소된 '자기닮음自己類似, self-similarity'인 부분으로 구성되어 있다. 전체가 복수의 '자기닮음' 부분으로 성립한다면 부분이 전체를 완전하게 보여준다는 것이 논리적으로 불가능하지만, 이를 무한히 반복하면 전체와 부분은 극한적으로 같게 된다. 이처럼 프랙털은 아무리 확대하거나 축소해도 여전히 같은 형태를 가진다. 따라서 아무리 크게 하거나 작게 하여도 도형은 더 이상 단순해지지 않는다.

실제 자연에는 단위요소의 단순한 상호작용이 무수하게 반복적으로 연쇄될 때 만들어지는 조직이 있다. 세포나 유전자에서 시작하여 식물이 자라고 벌과 같은 동물이 모이듯이, 생태적인 군을 이루는 단위요소는 비슷하면서도 미묘한 차이를 동시에 갖는다. 해안선과 같이 복잡하여 도저히 규칙성이란 없을 것처럼 보이는 것도 해안선의 가장 기본이 되는 부분을 프로그램하여 이를 반복하면 해안선과 아주 비슷한 구조를 가진 곡선이 나온다. 프랙털기하학에서는 고전적 기하학과 달리 특정된 크기나 축척이 큰 영향을 미치지 않는다. 따라서 프랙털 구조에서는 부분이 전체의 구조와 일치하는 것이 되고, 이를 확장하면 세포 안에 우주가 있다고 말할 수 있다. 그런데 프랙털이라고 하면 부분이 모여서 전체를 이루는 것이라고 단정해버리기 쉽지만, 이것을 반대로 생각해 보라. 프랙털에는 전체가 먼저 있다.

주름

나무, 나뭇잎, 땅, 돌. 모든 것이 주름져 있다. 아주 작은 식물의 나뭇잎을 더 자세히 들여다보면 역시 어떤 것은 오목하고 어떤 것은 볼록하다. 어떤 것이 아니라 수많은 것, 무수한 것이 오목 볼록하다. 그러나 유리나 철판 같은 것은 오목 볼록하지 않다. 판유리를 보면 처음부터 마지막까지 평평하다.

잎의 표면에서 오목하게 들어간 부분은 그다음에 무언가를 계속 생성해내기 위해 일단 오목하게 들어가 있다. 그 오목한 부분은 가만히 있지 못하고 무언가의 생성을 향해 볼록해지고, 그러다가 다시 오목해졌다가 볼록해지기를 무한히 반복하면 그것은 살아 있게 된다. 오목해지는 것은 닫기 위해서이고, 볼록해지는 것은 생성하기 위함이다. 들뢰즈가 '주름'을 말하는 것은 생명이 있는 것은 어느 것이든 그 자체의 공간이 고유성을 가지고 있고 확정된 통합을 갖추고 있기 때문이었다.

한 장의 종이가 있다. 이 종이를 접어 종이학이나 꽃을 만든다고 하자. 종이에서 종이학이 나오고 종이꽃이 나오는 것은 아무 주름도 없던 종이를 접어 거기에 주름이 생겼기 때문이다. 본래의 종이가 그렇게 꺾이고 접힐 수 있는 잠재력을 가졌기 때문이다. 그러면 이 주름은 어디에서 나왔는가? 당연히 내가 힘을 주어 종이를 접었기 때문이라고 여기지만, 종이 없이 내가 접을 수 없으므로 주름이 생긴 원인은 그 종이에 있었다고 해야 할 것이다.

그래서 이렇게 말할 수 있다. 그 종이 안에는 무한히 많은 주름의 잠재태潛在態가 있다고. 그리고 더 나아가 아무것도 접지 않은 하얀 종이에 아무 주름이 없는 것은 너무나도 많은, 무한히 많은 주름이 겹쳐 있어서 보이지 않기 때문이다. 내가 종이학과 꽃을 접어 어떤 형상을 만들었다면, 그것은 종이 안에 있는 이러한 무한한 잠재태 중에서 어떤 것이 선택되고 어떤 것이 포착되었기 때문이다. 그리고 그 주름은 생성해becoming나아간다.

건축가 그룹 딜러 스코피디오 렌프로Diller Scofidio+Remfro는 남성 셔츠에 다리미질을 했다. 어떤 것은 백화점에서 사온 표준 셔츠에 수직의 주름을 더 넣은 것도 있고, 어떤 것은 여기저기 주름을 가했더니 평상시에 입는 셔츠인가 할 정도로 전혀 다른 모습으로 변화된 것도 있었다. 지각이 모호함도 알고 선명함도 아는 것은 사물의 주름 때문이다. 이 행위 자체는 표준화된 셔츠에 대한 비평이기도 했지만, 주름이 하나도 없게 잘 다려놓은 셔츠는 이 흰 종이와 같다. 그리고 이런 작품에 그들은 〈배드 프레스: 잘못된 다리미질Bad Press: Dissident Ironing〉이라는 이름을 붙였다.

들뢰즈는 『주름, 라이프니츠와 바로크Le Pli, Leibniz et le Baroque』에서 라이프니츠의 '모나드Monad, 單子'를 다시 해석했다. 모나드는 세계를 구성하는 최소 단위다. 물리적인 세계에서 원자처럼 가장 작은 단위라고 여기는 요소가 있듯이, 사고에도 이런 단위가 있다고 본 것이다. 사고나 정신에서 원자와 같은 것이 모나드다. 그렇기 때문에 세계에서 일어나는 모든 사건을 나타내는 데 여러 모나드에 의할 필요가 없다고 말한다. 단 하나의 모나드가 세계에서 일어난 모든 사건을 나타내고 있다. 그래서 모나드를 '하나에서 많은 것'이라고 표현한다. 각각의 모나드는 다른 모나드에 영향을 받지 않는다. 하나의 닫힌 세계와 같이 독립하여 존재한다. 그래서 라이프니츠는 "모나드에는 창이 없다"고 말한다.

들뢰즈는 그것들은 무수한 주름으로 이루어져 있는데, 바깥은 잠재력을 안쪽으로 접어 구부러져 있다고 보았다. 마치 개체와 주체를 나타내는 바로크 건축과 같은 상태가 이에 해당한다. 안은 밖이 없는 절대의 내부여서 창이 없이 깜깜한 방이다. 그런데 주름의 꿈틀거림으로 카메라 옵스큐라 같은 안에 빛이 미세하게 들어와 세계의 영상影像이 길게 흔적을 남긴다. 들뢰즈는 내부를 외부로 접고 반대로 외부가 내부로 접히고 있는 듯한 무수한 '주름folding, pli'이 '모나드'에 새겨들어가 있다고 보았다. 그는 이것을 바로크 건축에서 보고 있는데, 아마도 바로크 건축의 파동하는 안팎의 벽면을 '주름'으로 본 것 같다.

바로크 건축의 어떤 것이 들뢰즈가 '주름'을 해석하는 데 도움을 주었을까? 산 카를로 알레 콰트로 폰타네 성당Chiesa di San Carlo alle Quattro Fontane• 같은 바로크 건축의 외부 파사드에는 작은 문과 창 몇 개만 있다. 성당의 내부공간은 타원으로 잡아당겨져 있다. 그러나 그 타원의 주변에는 그것과 별 상관이 없는 다른 방이 있다. 이 방들은 내부와 무관하며 내부와 관계 있는 창도 없다. 따라서 중심에 있는 타원 공간의 외부는 내부가 없는 외부다.

그런가 하면 타원 공간의 내부는 오목 볼록한 벽면으로 밀폐되어 있고 장식이 그 안을 채우고 있다. 외부로 나 있는 창은 단 한 개여서 그것을 제외하면 이 내부 역시 외부가 없는 내부다. 내부는 내부대로 자립해 있고, 외부는 외부대로 자립해 있다. 그런데 여기저기에 움푹 들어가고 불룩 튀어나온 부분과 복잡한 장식이 주름을 이루고 있다. 내부와 외부를 서로 작동시키는 것은 바로 이 주름이다. 주름이란 내부에 있는 내부인데 외부가 침입해 있고, 외부에 있는 외부인데 내부가 침입해 있다. 그렇지만 바로크 건축에 관한 기술은 나뭇잎의 수많은 오목 볼록한 주름의 작용과 다를 바 없다. 그래서 들뢰즈는 중요한 것은 언제나 접기, 펼치기, 다시 접기라고 글을 맺는다.

접힘은 형태가 드러나는 펼침이고 설명이다. 설명을 '엑스-

플리-케이트ex-pli-cate'라고 하는 것은 '엑스ex'는 펼쳐지다, '플리pli'는 주름이라는 뜻이므로, 주름이 펼쳐지는 것이 '설명'이라는 뜻이다. 접혔으니 형태가 나타나고 구체화되고 형태가 펼쳐지고, 다시 주름을 펼치면 다시 잠재태潛在態로 돌아간다. 이렇게 감추어져 있던 것이 펼쳐지는데, 접힘folding은 곧 펼침un-folding이다.

들뢰즈는 접힘이 형성하는 연속적인 주름의 발생 원리를 굴절屈折, refractions이라고 말했다. 굴절이란 꺾임이라고도 하며 파동이 매질의 경계에서 속도 차이로 인해 방향을 바꾸는 현상을 말한다. 들뢰즈에게 배운 건축가이면서 가구 디자이너인 베르나르 카슈Bernard Cache는 굴절 또는 변곡점을 벡터 변화, 사영적 변환射影的變換, 무한히 변화하는 프랙털적 상사변환相似變換 등 세 가지 변형 작용을 수반하는 내재적인 특이성으로 정의했다. 결국 새로운 대상은 이미 일정한 틀로 형성된 것이 아니라, 오히려 계기적繼起的으로 변용하는 일종의 변조이며, 물질이 연속적으로 변환되기도 하고, 형식도 연속적으로 발전하게 된다고 말한다.

들뢰즈는 『주름, 라이프니츠와 바로크』라는 책의 앞부분에 '바로크 하우스Baroque house'를 직접 그려 보여주었다. 이 그림은 2층짜리 집인데, 이는 라이프니츠'와' 바로크의 관계에 대한 알레고리 또는 라이프니츠 철학에서 말하는 심신心身 관계의 알레고리이기도 하다. 1층은 물질을 접은 금이고, 2층은 혼 안에 있는 주름이다. 그래서 이 '바로크 하우스'라는 그림은 실제 집도 아니며 버추얼 리얼리티나 주름 모양의 구조물과 같은 특정한 형태를 나타내는 것도 아니다. 이것은 신체에 있는 가능성을 실재화하는 것물질적 세계과, 모나드에 있는 잠재성의 움직임정신적 세계 사이를 주름이 달리고 있다는 것을 집 모양으로 말해준다. 그러므로 들뢰즈가 '주름folding, pli' 이론을 말하면서 바로크 건축을 말하고 있고, 또 이렇게 '바로크 하우스'라는 그림을 그렸다고 해서 이 주름의 형상 자체가 건축과 직접 관계가 있을 것으로 여겨서는 안 된다.

그가 말하는 '주름'은 직접적인 건축적 공간을 보여주기 위함이 아니었다. 벡터화된 힘이 작용한다든지, 위상기하학의 유동적인 운동이 작용하는 곳에서 일어나는 사건, 다른 말로 생성을 사유하는 공간을 말하기 위한 것이었다. 곧 하나의 개체가 성립하는 사건들이 접히고 펼쳐지는 연속체를 사유하는 것이었다.

들뢰즈는 예술은 집과 영토territory의 구축으로 시작한다고 말했다. "예술은 동물과 함께, 적어도 영토를 끊어내고 집을 만드는 동물과 함께 시작한다." 동물들이 몸에 진한 색을 나타내고 우는 소리를 내어 영역을 정하려는 것은 표현이며, 이 표현성의 출현이야말로 예술이라고 부를 수 있다고 보았다. 그가 예술의 시작은 영토를 만드는 것 그리고 집을 만드는 것에서 시작한다고 본 것은 매우 중요하다.

그의 예술론에서는 추상과 건축이 예술의 시작이며 그것이 신체의 관여라는 문제로 이끈다고 보았다. 로버트 스미슨Robert Smithson의 대지예술인 〈나선형의 방파제Spiral Jetty〉에서는 미술관을 나와 신체가 개입되면서 작품으로 제작된 과정이 곧 추상과 영토의 구축이었다. 들뢰즈가 예술의 시작이라고 발견한 추상선抽象線은 무엇보다도 고딕적이었고, 그것의 비유기적인 생명이 '기관 없는 신체'와 이어졌다. 바로 그렇게 때문에 예술은 살과 함께 시작하는 것이 아니라 집과 함께 시작한다고 말했다. 그는 여러 예술 중에서 건축을 첫 번째로 본다. 영토를 구축하는 집이야말로 예술의 시작이라는 것이다. 이 집은 주름의 벡터가 굴절되고 프레이밍framing됨으로써 영토를 구축한다.

그래서 들뢰즈는 건축은 프레임의 예술이라고 말한다. 그것이 회화든 조각이든 프레이밍이 문제가 되는 모든 장면은 건축의 문제가 제기되는 것이다. 그러니까 바로크 건축에서 말했던 '오목'과 '볼록'은 각각 프레이밍과 탈脫 프레이밍의 운동이었다. 더군다나 건축에서는 시간에 따라 이동한다. 물론 건축물이 이동하는 것이 아니다. 감상자가 이동한다. 건축은 시간을 전제로 공간에 대해 작업하는 것이다. 건축은 딱딱한 물질의 구조물로 되어 있어서 응결되었다고 여겨지지만, 실은 건축은 펼침이다. 이것은 구체적인 형태에 대해서가 아니다. 사람이 움직이고 경험하면서 사물은 펼쳐지고 지속하며 변화한다. 이렇게 볼 때 들뢰즈의 '주름'은 기하학을 대치한 새로운 공간을 암시한다. 그가 말한 주름접힘과 펼침은 리좀, 지형, 지층, 영토화, 탈영토화 등과 같은 개념이 주는 공간적 상상력으로 건축가에게 큰 자극이 되었다.

이런 이유에서 들뢰즈에게 배운 베르나르 카슈는 『지구 이동: 지역의 가구Earth Moves: The Furnishing of Territories』[56]에서 내부와 외부의 관계에 관한 접힘의 실천 그리고 그것을 형성하는 프레임의 예술인 건축을 다시 정의할 것을 제안한다. 카슈는 가구란 랜드스케이프와 건축의 결절임에 주목하며 굴절의 이미지를 새로운 건축이라고 규정했다. 그리고 들뢰즈가 바로크의 '주름=꺾음'에 주목한 것은 그것이 의복·회화·조각·건축·도시로 프레임을 비집고 나오면서 무한으로 이어지는 횡단성에 있기 때문이라고 말한다. 이 횡단의 개념은 랜드스케이프 아키텍처landscape architecture에 그대로 적용되고 있다.

들뢰즈가 말한 '주름=접음'은 어디까지나 철학의 개념이다. 그런데도 분명히 현실에 존재하는 '주름 건축folding architecture'에서는 주름이라는 형상만을 그대로 디자인한 것이 많다. 1993년 《아키텍추럴 디자인Architectural Design》 잡지는 '건축의 주름=꺾음'이라는 특집 기사를 실었다. 이 특집 기사에선 주름 건축은 해체 건축의 충돌과 모순이 아니라 유동적인 접속의 논리로 이행하고 있다며, '주름=꺾음'은 매끄럽게 차이를 형성하면서 이질적인 것끼리 이어져가는 변형의 조작이라고 주장했다. 그렇게 함으로써 도시와 건축을 잠재력에 가득 찬 하나의 생명체로 파악한다는 것이었다. 곧 이질적인 것을 포함하면서도 연속성을 갖는 시스템이 구상되고 있는 것이다.

그런데 피터 아이젠먼Peter Eisenman이나 그레그 린Greg Lynn 같은 건축가는 주름의 형태 생성에만 관심을 두었으며, 이를 위상기하학적이며 불확정한 수단으로 모호하게 사용한다.[57] 이들의 건축에서는 설계과정은 동적이지만 완성된 건축 형태는 활성화하지 못하며, 장소, 사건, 의미 등과 같은 변화의 요인은 배제되어 있다.

이와 같은 들뢰즈의 논의를 건축으로 나타내고 1990년대에 가장 큰 영향을 미친 프로젝트는 1993년 계획된 OMA의 두 개의 주시외 도서관Jussieu Library일 것이다. 접힘은 전체를 조직하는 다이어그램으로 사용하고 이를 입체적으로 집적할 수 있게 만들었다. 바닥 슬래브는 위아래로 연속적인 경험을 낳으며, 도서관의 체험을 일종의 도시적 랜드스케이프로 변환한다. 그래서 렘 콜하스Rem Koolhaas는 이 건물의 연속적인 바닥을 '소셜 카펫social carpet'이라고 불렀다. 주시외 도서관의 연속하는 경사 바닥은 '거주 가능한 서큘레이션circulation'이라는 폴 비릴리오Paul Virilio의 개념에서 나온 것이기도 하다. 그런데 경사를 이루는 어떤 면은 이제까지 수평과 수직으로 규정된 공간을 넘어 제3의 공간적 가능성을 가져다주었다. 경사의 평면은 건축물과 신체의 촉각적 관계를 활성화한다.

'주름 건축'에서 가장 탁월한 사례는 요코하마 오산바시 국제여객선터미널Osanbashi Yokohama International Passenger Terminal이다. 여기에는 건물이라기보다는 연속적으로 형태가 변화하는 일종의 지형이 제안되어 있다. 터미널의 옥상에 있는 광장은 내부로 진입하는 곳이며, 터미널 기능과 그곳에서 개최되는 이벤트가 일어나는 인터페이스이기도 하다. 여객선 터미널에 이르는 일반 시민, 여객, 방문자, 자동차 등 이동수단, 화물 등의 여러 흐름이 교차하며 배분되는 경로를 위해 건물의 면이 위상기하학적으로 경사지고 굴곡지고 매끄럽게 이어지며 공간의 시퀀스를 만든다.

'주름'이란 기하학적인 형식, 공간의 조직화, 형태의 직접적인 관계, 정보, 설계 기술 등이 모두 모이는 문제다. 근대적 요소 공간에서는 부분이 분절되어 있었나, '주름 건축'은 유동성, 연속성, 다양성, 복합성 등을 수용하고 있다.

다만 들뢰즈가 '주름' 이미지를 무한의 연장이라고 말했으므로 건축에서 이런 이미지로 연속하는 '주름'의 이미지를 관련해 생각하는 것은 충분히 있을 수는 있겠지만, 들뢰즈는 기본적으로 라이프니츠 철학을 해석한 것이고, 무언가 주름의 작용으로 어떤 고유성이 생성된다는 것을 생각한 것이다. 또 그는 물질적인 주름을 논의하지 않았으며, 더욱이 오늘날 '주름 건축'처럼 정교한 이론을 갖출 정도의 구체적인 것도 아니었다. 그의 '주름'은 현대건축과는 '전혀'라고 해야 할 정도로 직접적인 관계가 없다.

리좀

순수기하학의 대척 지점에 있는 또 다른 개념은 '리좀rhizome'이다. 이것은 철학자 들뢰즈와 펠릭스 가타리가 창안한 개념의 하나다. 들뢰즈가 제시한 또 다른 개념인 '기관 없는 신체'가 이와 관련된다. 리좀은 땅속에서 수평으로 뻗어 있는 구근이나 덩이줄기 형태의 뿌리를 말하며 근경根莖이라고 번역한다.

나무에는 뿌리와 줄기 그리고 잎 등이 있다. 나무는 하나에서 몇 개의 가지가 나오고 그 가지에서 또 다른 가지가 나온다. 나무는 질서가 잘 잡힌 조직이며 한 곳에 자리를 잡고 수직적인 것에 비하면 리좀은 땅속을 헤집고 다닌다. 땅속을 횡단도 하고 종단도 하며 서로 얽혀 융합하고 수평적이다. 이것은 시작도 없고 끝도 없는 망상조직과 같은 다양체여서 어느 한자리에 고정되지 않는다. 그래서 우발적인 것이 잘 통한다.

'리좀'은 '트리tree'의 정연한 계층 구조와는 반대로 중심은커녕 시작도 없고 끝도 없는 네트워크형 사고를 말한다. 리좀은 줄기라는 중심에서 주변을 향해 계통을 세우고 가지가 갈라지고 그 말단에 잎개체이 위치하는 것이 아니라, 개개가 서로 얽혀서 붙었다 떨어졌다 하며 밀접한 관계를 맺는 모델이다. 접속과 함께 변화해가기 때문에 새로운 것이 접속함으로써 전체의 성질이 바뀌는 특성을 가지고 있다. 계층 구조가 큰 산이라면 링크가 많은 결절점은 작은 산이라 할 수 있고, 이런 작은 산이 많이 모이고 서로 이어지는 연결관계를 말한다. 이것은 오늘날 인터넷과 SNS를 정확하게 나타내는 개념이 되었다. 그러나 인과관계도 없으며 프랙털기하학처럼 같은 모양이 반복되는 것도 아니다.

'리좀'의 대립 개념은 나무로 통합되어 형성된 질서인 '트리' 구조다. '리좀'은 전체를 통제하고 지배하는 규칙을 가졌으며 부분의 합이 전체를 지향하는 '나무' 같은 것은 신뢰하지 않는다. '리좀'은 항상 중간에 있는 것, 사물의 사이, 존재의 사이에 있어서 '– 사이' '–과 –과 –'의 논리로 모든 다양성을 받아들인다. 따라서 리좀은 그저 계속 뻗어나가는 것이 아니라 부분에 규칙이 있는가, 그리고 부분과 부분에 인접하는 규칙이 있는가에 관한 것이다. 그것은 근경의 각각의 부분에 그때마다 적용되는 규칙을 새로운 눈으로 바라본다는 뜻이다.

부분에 규칙이 없다면, 그것에 관계는 있을지라도 형태는 생기지 않는다. 또 부분 사이에 인접하는 규칙이 없으면 그 전체는 무질서한 것이 될 것이고, 부분의 규칙은 없는데 인접하는 규칙만 있다면 그것은 형태가 없는 유체와 같은 것이 된다. 따라서 부분이 규칙을 가지고 있고 부분과 부분이 인접하는 규칙이 함께 있을 때 어떤 것이 형태를 갖고 무언가의 전체를 만들어낸다. 들뢰즈의 '주름'이나 '리좀'도 순수기하학을 넘어선 것이기는 하나 그 자체는 결국 기하학의 주제에 속하는 것이다.

들뢰즈의 '리좀'은 전체를 부정하는 것이 아니다. '리좀'은 무수하게 연결되어 형성된, 시작도 없고 끝도 없이 전체를 형성하는 가능성을 가진 것을 나타낸다. 이것은 이런 상태를 무질서라고 부정할 것이 아니라 오히려 적극적으로 평가해야 한다고 해서 나온 개념이다. 따라서 '리좀'은 하나의 유추다. 그러므로 '리좀'은 형태가 아니며 형태를 부정하는 곳에서 성립한다. '리좀'을 응용하여 어떤 건축 형태로 나타낸다는 것은 그 자체가 '리좀'을 모른다는 말이다.

인포멀

영어로 '포멀formal'은 '정식의, 공식의, 의례적인, 형식의, 외형의, 표면적인, 좌우대칭의'라는 뜻이다. 그리고 '인포멀informal'은 이것에 반대 또는 부정으로 '격식에 얽매이지 않는, 허물없는, 편안한, 옷이 평상복의, 언어가 일상어의'라는 뜻을 가지고 있다. '포멀 가든formal garden'은 기하학적이고 대칭적인 배열을 한 정원이며, 벽에 둘러싸여 있는 프랑스식 정원을 말하지만, 그 반대는 영국의 풍경식 정원landscape garden을 말하므로 굳이 바꾸어 말한다면 풍경식 정원이 '인포멀 가든informal garden'이 될 것이다.

세실 발몬드Cecil Balmond는 콜하스, 다니엘 리베스킨트Daniel Libeskind, 알바로 시자와 함께 일한 구조 엔지니어로서, 프로젝트를 중심으로 구조와 기하학, 카오스 이론 등을 통해 『인포멀 Informal』[58]이라는 책을 썼다. 이 책은 부분의 논리로 건물 전체의 형상을 어떻게 바꾸어가는가를 다루고 있으며, 구조의 부재를 어떻게 정하는가를 말하지 않고 기하학을 어떻게 결정하여 어떤 형태로 만드는가를 주제로 삼고 있다. 따라서 이 책은 구조기술 해설서가 아니라, 소수론素数論, 카오스 이론, DNA 구조 등의 이산적離散的인 미학을 해경으로 한 현대건축의 매니페스토menifesto로 평가받고 있다.

그는 '인포멀'을 이렇게 설명했다. "'인포멀'은 비선형인 형태를 디자인하는 접근이다. 그것은 경계를 정하고 그다음에 다시 공간을 나눔으로써 이루어지는 전통적인 평면의 관념에 바탕을 두지 않는다. 그리고 그것은 좌우대칭이라는 중심적이며 고전적인 고정 개념과 관계가 없다. 그 대신에 '인포멀'은 형태인 일관성을 생산하기 위해 향해가는 내면화internalisation다. '인포멀'은 국지적local, 혼성hybrid, 병치juxtaposition라는 세 가지 특성을 갖는다. 이 세 가지는 서로 관계하며 따로 떨어진 구분이 아니다. …… 접근은 본질적으로 실험의 한 가지인데, 그 실험에서는 해석이 우리가 할 수 있는 최선의 방법이다. 그래서 접근은 열려 있다. '인포멀'은 에너지를 방출하는 동적인 것이고, 미끄러지는 것, 점프하는 것, 흩어지는 것, 어휘로 들어가는 것의 개념과 새로운 기하학이 그러한 형태 찾기를 뒷받침해준다."[59]

'인포멀'이란 구체적으로 인포멀이라는 것이 있는 것이 아니다. 초기 조건과 건축의 규칙을 정해서 형태를 만들어갈 때 초기 조건을 어떻게 주는가에 따라 건축의 양상은 전혀 달라진다. 그러한 규칙을 만들고 그런 규칙에서 생긴 결과를 다시 피드백하며 건축의 형상으로 바꿔가는 설계 과정이 비선형인 설계의 진행이다. 이런 비선형의 설계를 진행하는 방식을 그는 '인포멀'이라고 부르고 있다. 격자라는 '포멀'은 형식적이고 계층적이며 고정된 질서를 가진 것이다. 그러나 '인포멀' 디자인은 어떤 한 형태 다음에 나올 형태를 예측할 수 없는 것이 특징이다.

비선형非線型이라는 것은 그 구성 요소의 합이나 곱 등 선형 결합으로 설명할 수 없음을 뜻한다. '선형'이란 그래프가 직선으로 나타난다는 뜻이다. 그러나 카오스는 명백하고 간단한 운동을 하는 선형에서는 일어나지 않는다. 선형은 하나의 원인에는 하나의 결과가 있을 뿐이어서 결과를 보고 원인이 어떤 것이었는지 짐작할 수 있지만, 이와는 달리 우리 주변은 온통 비선형으로 가득 차 있다는 뜻이다. 따라서 비선형인 형태란 하나의 원인과 하나의 결과로 설명할 수 없는 자연과 주변의 형태에 대한 관심이다.

따라서 발몬드가 주장하는 부분은 이산적이고, 연속이 아니라 불연속이다. 프랙털은 나무나 해안선, 장腸의 속과 같은 것은 멀리서 보면 직선으로 보이는 부분도 근접해 들어가면 닮은꼴의 부분이 끝없이 계속된다고 하는 개념이다. X-Y 좌표에서 기하학을 추구한 것이 파르테논이고 미스Mies이며 '포멀'이라면, 프랙털 기하학을 사용하는 생명과 같은 존재 방식이 '인포멀'이다.

'국지적'이란 보텀업으로 부분을 쌓아올리며 부분에서 나온 논리로 전체를 기술하는 것이다. 따라서 이는 전체를 단정하는 강한 질서를 앞에 두고서 전체를 분절하는 톱다운 방식과는 다르다. 구조도 '국지적'으로 정할 뿐 아니라, 디자인도 국지적으로 관계하는 방식을 취한다. 이런 논리에서 건물은 안정적인 상태에서 불안정한 상태로, 자유롭고 동적인 상태, 비중심적이며 전체가 정해져 있지 않고 부분의 상대적 관계에서 국지적인 네트워크를 이루므로 마지막까지 부분과 전체를 딱 들어맞게 기술할 수 없게 된다.

이와 같이 '인포멀'은 설계 수법이 아니라 설계의 자세다. 그것은 전체를 부분으로 분해하여 다시 구축하는 것이 아니라, 전체와 부분 사이에 존재하는 피드백의 관계를 존중하는 것이며, 명확하게 존재하는 해답은 무한한 가능성 중에서 아주 작은 일부에 지나지 않는다는 바를 말하고 있다. 그래서 전체를 부분으로 쪼개고, 그렇게 쪼개진 것에서 사용할 수 있는 것을 찾는 선형적 태도를 취하지 않는다.

발몬드의 또 다른 책 『요소Element』[60]는 앞부분에서 여러 지형을 가진 밭의 사진을 보여주며 그 지형과 밭에 접근하여 형상과 결, 사물의 움직임과 에너지 등을 선으로 분석하고 묘사한다. 또한 더 가까이 다가가 꽃과 꽃잎과 나뭇잎 등을 같은 태도로 분석한다. 그리고 직관으로 자연의 본질을 끝까지 바라보며 마이크로micro한 관점과 마크로macro한 관점을 오고 간다. 시선은 다시 구름이 있는 하늘을 향하며 약간의 음영으로 구분된 구름의 형상과 움직임, 파도와 물, 꽃들을 선으로 다이어그램을 그린다. 그리고 마지막으로 프랙털기하학의 이산적 부분을 통해 여러 사물을 국지적, 혼성, 병치의 특성으로 묘사한다. 그러나 이 분석은 확정된 것이 아니며 다시 자연에서 관찰되었던 접사한 사진으로 되돌아감으로써 앞 과정과 뒤 과정 사이를 피드백한다.

몬드리안은 필요하지 않는 것은 다 제거하고 최종적으로는 직선과 사각형의 면 그리고 몇 개의 색으로 귀결되는 그림을 그렸다. 몬드리안이 필요하지 않은 것을 제거했다는 것은 부분과 부분 사이의 잠재태를 다 제거했다는 뜻이다. 그런데 그는 1908년에서 1913년까지 사과나무를 계속 그렸다. 시간이 지나면서 구체적인 나무가 점점 선과 면, 그것도 요소로 분단된 선과 면의 조합으로 귀결되는 과정이 나타나 있다. 발몬드와 몬드리안의 요소는 전혀 반대되는 방향에서 부분과 전체의 관계를 말하고 있다.

2, 3, 5, 7, 11, 13, 17, 19, 23과 같이 1과 자기 자신 외의 양의 약수가 없는 1보다 큰 자연수를 소수素數라고 하는데, 소수의 약수는 1과 그 자신밖에 없다는 것은, 그 자체가 부분이며 동시에 전체라는 뜻이다. 이 책에 게재된 모든 사진의 형태는 소수처럼 고정된 부분으로 나뉜 것이 없다. 모두가 비선형의 형태이며 모두

가 부분이지만 모두가 전체이기도 하다. 그래서 이 전체는 불안정하지만 자유롭고 중심이 없으며 전체가 정해져 있지 않다.

장

장場을 영어로 필드field라고 하는데, '필드'란 옛 게르만어 '펠투스felthuz'라는 단어가 어원으로 평평한 땅이라는 뜻이다. 오늘날의 영어로 '필드'는 '들판' '사람의 손이 닿지 않은 평평한 땅' 등을 뜻하지만, 건축에서는 '영역' '활동할 수 있는 범위' '일'하는 장소' 등의 뜻으로 많이 사용된다. 건축공간은 두 가지 의미로 해석한다. 하나는 공간의 그릇으로 말하는 경우가 있고, 다른 하나는 공간을 장으로 파악하는 경우가 있다.

공간을 그릇으로 파악하는 것은 건축적인 장치로 에워싸여 얻은 공간을 말하지만, 공간을 장으로 파악할 때는 물리적인 양을 가진 존재가 그 근방이나 주위에 연속적인 영향을 미치는 것 또는 그 영향을 받고 있는 상태에 있는 공간을 말한다. 그러니까 장場인 공간은 나무나 난로나 사람이나 방 등이 주변에 영향을 미치는 열려 있는 범위를 뜻한다.

지도 등의 도면 위에 공간이 장으로 추상화될 때 잠재력과 같은 것을 선으로 그린 것이 등고선도等高線圖, contour map이듯이, 사람의 활동을 표시할 때 활동등고선도活動等高線圖, activity contour map를 사용한다. 이 도면은 중심과 주변이라는 공간의 구조를 행위의 분포로 해석하는 데 유용하고, 분산된 다중심 공간을 지형으로 해독하게 해주며 중심이 아닌 경계 부분이나 영역을 함께 보여준다.

건축가 스탠 알렌Stan Allen은 『장의 조건Field Conditions』에서 도시라는 장場, filed 안에서 건축이 입자로 존재하는 방식에 대하여 말했다. 이 논문의 첫 절의 제목 '오브젝트에서 필드로From Object to Field'처럼, 그는 오브젝트보다도 유동하는 입자의 관계성이 본질임을 설명하고 있다. 건축을 주체와 오브젝트객체라는 두 가지만의 관계성으로 바라보는 것이 아니라, 오브젝트가 무수한 입자로 해체됨으로써 주체와 입자에 의한 장과 그 안에서 관계성의 네트워크에 놓여 있다고 여기는 것이다. 장이라는 개념은 오브젝트와는 상반된다. 장이라고 하면 도시나 건축을 무수한 입자의 관계성으로 판단하겠다는 뜻이 들어 있다.

이때 입자는 개별적으로는 중요한 가치를 갖지 못한다. 그러나 그것이 집합하여 그것끼리의 관계를 가질 때 하나의 유동적인 네트워크 시스템의 특성이 생긴다. 입자 하나하나의 거동, 관계성의 존재 방식의 방향을 정하는 것으로서 위치를 잡게 된다. "건축의 실천은 자율적인 오브젝트를 만드는 것이 아니라 프로그램, 이벤트 그리고 행위가 전개되는 유동적인 필드를 만드는 것에 있다."[61]

장이 건물을 만든다는 말은 사용하는 사람들의 다양하고 복잡한 행위를 말할 때 사용하는데, 이렇게 되면 장은 프로그램과 공간의 관계를 다루게 된다. 또 장이 이루는 전체 형상과 범위는 유체fluid에 가깝지만, 부분들의 내적인 관계가 이 형상보다는 더 중요하다. 장은 보텀업으로 정해지는 현상이며, 전체적이고 기하학적인 틀이 아니라 복잡한 국부적인 연관, 간격, 반복, 순차적인 것으로 정해진다.

그러나 구체적인 물질이 더해지는 건축설계에서는 장이 이루는 전체 형상이 유체에 가깝다고는 설명한다. 그러나 이것은 이상적인 개념이어서 쉽게 파악되지 않는다. 일반적으로 설계를 할 때 '오브젝트에서 필드로'라는 바를 어떤 건물의 홀을 설계한다고 생각하고 해석하면, 홀 안에 많은 사람이 있고 그 안에 가구가 있다. 이때 여러 사람들이 홀이라는 공간과 그 가구를 통해 일어나는 행위를 물이라고 생각하고 그 위를 스쳐가는 상태를 형태로 구상한 다음 이를 급속 냉각시킨다고 생각한다. 그러면 사람의 행위와 공간과 가구가 이루던 장이 투명한 얼음 안에 나타날 것이다. 설계할 때 이러한 이미지를 늘 염두에 두면 장의 조건을 구체적인 물체로 나타낼 수 있을 것이다.

한편 알렌은 코르도바에 있는 메스키타Mezquita와 코르뷔지에의 베네치아 병원 계획을 장의 건축의 예로 들고 있다. 부분이 일정한 방향감 없이 사방으로 퍼져나가는 성질이 있기 때문이다. 그는 이 두 건물을 "차이가 없이 고도로 충진되어 있는 장"이며 "전체에 대한 단편이 아라 단순한 부분" "차이 없는 조직"이라고 평가하고 있다.

그러나 메스키타는 '격자' 위에 기둥이 놓이고 방과 같은 공간 단위를 이루는 구조가 반복되는 평면이기 때문에 생긴 것이고, 베네치아 병원 계획은 매트 빌딩mat building[62]이므로, 매트 빌딩이라고 해서 모두 장의 조건을 가진 건축이라고는 할 수 없다. 그도 "모든 격자는 장이다. 그러나 모든 장이 격자는 아니다."라고 말했듯이, 장의 성질을 가지고 있다고 해서 그것이 곧 독특한 '장의 조건'이라고는 할 수 없다.

그는 바리 르 바Barry Le Va의 〈베어링스 롤드Bearings Rolled〉라는 작품을 예로 들며 장의 독특한 특징을 랜덤하거나, 또는 규칙이 있는 배열, 사건의 연속 등에 대해 말했다. 므아레moiré와 매트mat처럼 다른 부분이 전체에 대하여 무관심한 국부적인 스케일로 중첩되는 것을 대표적인 예로 꼽았다. 므아레는 규칙적으로 되풀이되는 모양을 여러 번 거듭하여 합쳤을 때 주기의 차이에 따라 시각적으로 만들어지는 줄무늬를 말한다. 또 그는 무리를 지어 날아가는 새떼를 컴퓨터로 시뮬레이션할 때 얻는 다이어그램인 '보이드boid'를 예로 들고 있다. '보이드'란 '버드라이크 오브젝트bird-like object'라는 뜻을 가진 '버드오이드 오브젝트bird-oid object'라는 말을 줄인 것으로, 규칙이 국부적으로 적용되고 부분적인 행동의 패턴이 누적되어 유체처럼 보이는 모습을 뜻한다. 그런데 도시가 장일 때는 건축이 입자로, 건축이 장일 때는 건축을 구성하는 단위, 사람, 프로그램 등을 입자로 여긴다.

이렇게 볼 때 장은 물리 현상의 장이 아니라 일정한 영역 안에서 여러 사람이 집단적인 행동을 할 때 다면적으로 대응하는 건축적 응답이 되는 공간이다. 알렌이 설명하는 장의 조건이란 "용도use, 군집crowd의 행위, 사람의 무리가 이루는 복잡한 기하학의 역학관계를 대응하는 건축에서 잠정적으로 열려 있게 해주는 것"[63]이고, 변화, 우연, 즉석, 불확정성을 위한 공간을 남겨두는 것을 만드는 것이 목적일 때 이런 조건이 강조된다.

그런데 이 '보이드'에는 각각의 새에게 첫째, 근방의 새와 일정한 거리를 두는 것separation, 둘째, 근방의 새와 날아가는 방향을 합치는 것alignment, 셋째, 근방의 새의 평균 위치에 있는 것cohesion이라는 세 가지 규칙이 있다. 그런데 여기에서 흥미로운 것은 이 세 개밖에 안 되는 규칙으로 전체를 통제하지는 못하더라도 무리의 활동을 나타내고 있으며, 이 규칙이 모두 "근방의 새"라고 표현된다는 것이다. 따라서 장이라는 전체와 부분의 관계는 넓게 보면 커뮤니티의 새로운 모습을 읽는 방식이다.

'근방'이라는 국소적인 범위에 들어가면서 흩어져 있는 다른 여러 사람과의 관계가 가까운가, 곧 근린의 관계에 있는가로 묻지 않고, 다른 사람을 인식할 수 있다면 비록 멀리 있어도 나와 다른 이의 관계가 성립한다는 것을 이 새의 무리의 다이어그램인 '보이드'로 설명할 수 있게 된다. 유클리드기하학에서는 거리가 떨어져 있는가는 어떤 점에서 다른 어떤 점으로 분명히 알 수 있다. 그런데 유클리드기하학의 범위를 넘어 위상공간에서는 이러한 거리로 측정이 안 된다.

이산공간

각 점에서 따로 떨어져 있고 다른 점으로부터 극한이 되지 않는 공간을 이산공간離散空間, discrete space이라고 한다. 이산離散이란 서로 불연속인 장을 가진 개체가 같은 공간 안에서 마침 그 자리에 있는 것이며, 개개가 서로 이어져 있지 못하고 헤어져 흩어지는 것을 말한다. 개체는 각각 그 공간에 도달하는 과정을 제각기 지나고 있지만, 만나게 될 때 그 공간 안에서 서로 불연속인 콘텍스트를 하나로 모으게 된다. 초현실주의Surrealism의 한 작품처럼 수술대 위에서 만나는 재봉틀과 우산은 서로 전혀 다른 콘텍스트를 이루며 각기 다른 장을 만들고 있다. 그것이 이후의 도시 공간과 사람 사이와 깊은 관계가 있다.

위상수학topology은 흔히 대상의 모양이 아니라 연결 상태만을 고려하는 수학이라고 한다. 그래서 공간의 점·선·면 및 위치에 관해, 양이나 크기와는 별개의 형상이나 위치 관계를 연구한다. 위상수학의 개념 중에서 X와 Φ만으로 이루어진 위상을 '밀착위상密着位相, indiscrete topology'이라고 하며, 어떤 집합의 모든 부분집합으로 이루어진 위상을 '이산위상離散位相, discrete topology'이라고 한다.

이런 설명만 보아도 위상공간은 부분이 얼마나 풍부한가에 관한 중요한 관점을 시사해주고 있음을 알 수 있다. 위상수학 또는 위상은 부분과 전체에 관한 논리 구조 개념이다. 그런데 어떤 집합에서 의미 있는 부분이 가장 적은 구조가 '밀착위상'이다. '밀착위상'은 X와 Φ, 곧 전체와 공집합이라는 두 개만을 열린 집합으로 정의하는 위상이다. 전체만 있고 그 이외의 부분이 없으니 사회에 비유하자면 대단한 전체주의 사회가 '밀착위상'이다.

그런데 이와는 달리 모든 부분집합을 부분으로 셀 수 있으니 부분이 가장 풍부한 집합이 '이산위상'이다. 클러스터 모양의 마을은 특정한 근린neighborhood을 이룬다. 이제까지 근대도시이론에서 그렇게 강조한 근린은 부분을 어느 정도 통제하기 위한 계획 개념이었다. 그러나 마을로 말하자면 산촌散村은 인가가 흩어져서 특정한 근린이 생기기 어렵고 서로 한 채씩 떨어져 있으나 그래도 그것끼리의 상호 연락망은 있는 마을이다. 그러므로 집과 집 사이는 비어 있거나 논밭과 같은 '빈 곳voids'이 끼어 있다.

장은 사람의 행위의 불확정하면서도 동적인 집합을 나타내는 개념이지만, 이것이 이산공간으로 해석되면 정보공간 안에서의 개인과 또 다른 공동체의 관계를 나타낸다. 이산공간은 인터넷에서 늘 경험하듯이 기계의 논리처럼 물리적으로 연결되어 있지 않으나, 전자적으로는 접속액세스하는 것과 같다. 자유로워진 개체는 휴대전화나 이메일로 도시 안에서 활동의 장을 옮기며 이합집산하게 된다. 이처럼 개인이 최대한 자율성을 보증받고 떨어져 있는 거리를 넘어 자유롭게 다른 사람과 접속할 수 있는 사회를 이산적 사회離散的 社會라고 한다. 이것으로 건축공간에서 연속적連續的인 균질 공간과는 반대되는 이산적인 정보 공간을 인식할 수 있다. 거리로는 가까운데 분리되어 있다거나, 거리로는 먼 곳에 있는데 공간적으로 같이 있는 건축을 생각할 수 있게 된다.

OMA의 프랑스 도서관 설계경기안Très Grande Bibliothèque은 단일한 공간을 이산화한 계획안으로 유명하다. 이 안에서는 거대한 직육면체를 두 가지로 구성했다. 하나는 의도적으로 지루하고 몰개성적인 공간으로 바닥을 반복시키고 그 위에 대량의 서고를 얹게 했다. 이것은 '그림'과 '바탕'으로 말하자면 '바탕'이다. 그리고 이렇게 반복하는 '바탕'인 공간에 자유로운 형태의 열람실 공백voids을 '그림'으로 삼았다. 이처럼 '그림'이 된 단순하면서도 거대한 볼륨에는 다섯 개 도서관의 성질에 대응하여 돌멩이, 나선, 교차, 조개껍질, 루프라는 특이한 형태의 공백이 뚫려 있다.

거대한 도서관은 정보의 덩어리solid로 되어 있고 이것은 지어져 있다building, 건물. 그러나 도서관 안의 주요 공공공간은 공백voids으로 되어 있다. 공백은 짓기가 없는 것, 짓기의 부재不在라 할 수 있다. 다섯 개의 고립된 도서관은 독자적인 논리로만 직접 형태를 만들 수 있다. 신착 도서열람실, 비디어 오디토리움, 대열람실, 카탈로그실, 과학조사를 위한 도서관이라는 다섯 개의 도서관 곧 다섯 개의 공백은 각각 고립되어 있다. 렘 콜하스의 책 『S, M, L, XL』의 '공백의 전략Strategy of the Void'[64]은 한 장의 포르노그래피로 시작한다. 이 사진의 의도는 "역설적으로 가장 중요하고 가장 상상력을 자극하는 것은 부재不在로 표현된다"는 것이다.

다섯 개의 도서관에는 각각 수평 공백과 경사 공백이 교차, 나선, 조개껍질, 고리라는 서로 다른 형태로 주어져 있다. 공백끼리 서로 형태적인 연관성은 의식적으로 단절되어 있다. 그리고 이 공백은 우연히 그 장에 있는 것처럼 설계되어 있다. 이 공백이 하는 역할은 무엇인가? 그것은 다섯 개의 도서관이 짓기building에서 해방되어 있고, 이로써 공간은 이산화되어 있으며, 그만큼 부분으로 읽히고 사용되므로 다양성의 이미지를 풍성하게 갖게 되었다는 점이다. 이것이 형식을 이산화하는 '공백의 전략'이었다. 물론 '이산위상'처럼 완벽하게 모든 부분집합의 모임으로 이루어진 것은 아니나, 산촌散村의 인가가 흩어지고 그 사이에 빈 땅이 끼어 있듯이 공백인 '빈 곳'은 도서관 전체를 이산화하고 있다.

알고리즘 건축

예를 들어 연기가 올라가는 자연현상은 아주 복잡하고 계속 변화한다. 그렇다면 저 복잡하고 계속 변화하여 파악할 수 없을 것 같은 형태를 무엇이 결정하고 있는 것일까? 근대건축에서 건축가들이 이러한 연기와 같은 형태에 관심을 가지고 그것을 무언가의 방법으로 건축에 표현하거나 응용해야겠다고 했다면 그들은 연기의 형태가 자아내는 분위기를 본떠서 연기와 같은 형태를 디자인했다고 했을 것이다.

DNA는 생명체의 설계도와 같은 것이다. 사람은 사람을 만드는 DNA라는 프로그램으로 설계되었고, 코끼리는 코끼리를 만드는 DNA라는 프로그램으로 설계되었다. DNA는 A아데닌, T티민, G구아닌, C사이토신라는 네 가지 염기의 수와 조합의 순서라는 아주 간단한 규칙으로 이루어져 있다. 같은 네 종류의 염기라 해도 'ACGATCGGTACCGTGTCGAATCTCTAG'와 'CCGATCGTAG'에서는 수도 다르고 순서도 다르므로, 그 차이가 생명체의 종류를 결정한다. 이렇게 각기 다른 A, G, C, T의 개수와 순서로 생명체가 달리 나타난다.

이것을 건축으로 생각하면 그것이 생겨나게 만드는 DNA와 같은 프로그램이 있기 때문이라고 생각할 수 있다. 이처럼 알고리즘은 시간의 계열에 따라 그때마다 형태가 생성되는 어떤 결정의 법칙 또는 규칙이 연이어 작용하고 있다고 생각한다. 이전 같으면 사전에 정해진 기하학으로 간략하게 해석했을 테니 시간의 계열에 부분과 전체의 관계가 들어올 여지가 있을 리 없다.

따라서 알고리즘 건축의 공간은 이제까지의 건축의 바탕이 되어왔던 기하학과는 전혀 다른 새로운 기하학으로 진화시키게 될 것이다. 고대 그리스 시대에서 시작하여 현대에 이르기까지 계속 받아들였던 고대 그리스의 기하학은 정사각형이나 다각형 등

동일한 비례 관계가 반복되지만, 비선형 기하학에서는 예측하지 못한 서로 다른 비례관계가 연속하여 이어진다.

그러나 오늘날 알고리즘 건축algorithmic architecture에서는 연기란 현실에서 얼마든지 볼 수 있는 자연현상이며 그것이 발생하는 과정을 해부학처럼 시스템으로 분해하여 해명하려고 한다. 연기가 이렇게 바람에 날리려면 무수히 작은 입자의 크기, 개수에 어떤 점도와 온도, 습도 그리고 중력과 풍향 등 갖가지 요인이 작용하여 이루어진다고 본 것이다. 그러니까 알고리즘 건축의 복잡한 형태는 복잡함이 목적이 아니라, 자연현상과 형태가 이루어지는 상태를 수치로 확실히 결정해가기 때문에 나타난 것이다. 이런 것은 컴퓨터상에서 세세하게 결정해간다.

그래서 연기를 이렇게 변화하게 하는 것 배후에 있는 법칙을 생각하고, 건축도 그것이 발생하게 되는 것과 똑같은 과정을 통해서 유기 생명체와 같은 형태를 찾아간다. 근대건축은 기계나 신체를 모델로 삼아 부분이 집적하며 전체를 구축한다고 생각했다. 그러나 현대건축에서는 전자의 흐름이나 사람의 의식처럼 부분이 집적한다고 해서 전체가 되는 것이 아닌, 또는 부분 속에 전체가 이미 들어가 있는 예전에는 생각하지 못했던 부분과 전체의 관계를 맺는 복잡한 시스템에 큰 관심을 기울이고 있다.

자연은 무한의 연속체다. 자연은 유동적인 전체이며 복잡하고 정교하며 현상의 경계가 분명하게 구분될 수도 없다. 그러나 사람이 해석하고 만드는 디자인 과정에서 자연은 유한의 요소로 이산화하게 되어 있다. 사람은 1, 2, 3…… 이라는 자연수로 사물을 세고 인식함으로써, 연속체인 자연을 유한의 요소로 뿔뿔이 흩어지게 만들고 있다. 해상도라는 용어를 사용하자면 이런 이산화 과정은 그리스 시대의 기하학에서 시작하여 근대의 데카르트적인 균질 공간에 이르기까지 거친 해상도로 자연과 공간을 이해하고 인간과 자연의 관계를 규정하고 건축공간을 설계해왔다.

이에 대하여 알고리즘이란 똑같이 자연을 이산화하고 이해하기 위한 방법이기는 하나, 이전처럼 거친 해상도가 아닌, 해상도를 아주 높여 연속체인 자연에 조금이라도 가까워지게 하려는 시도다. 건축공간을 구성하는 부분과 요소 사이의 관계라든지 그것의 상호작용, 나아가 부분들 사이에서 일어나는 동적인 생성과 변화의 결과를 이끌어내어 절반만이라도 자연의 존재처럼 나타내고자 하는 건축이 알고리즘 건축이다.

알고리즘 건축은 정보처리기술을 사용하여 해상도가 높은 이산과정을 동반하는 설계수법으로 자연과 인간의 관계, 자연과 인공적인 구축의 관계를 다시 정의하는 것이다. 그것은 공간 구성이나 기능의 구성을 규정하는 규칙이나 상호작용하는 요소의 동적인 관계를 따라, 이를 테면 개미집, 구름, 지형, 동식물의 무리, 광물, 우주와 같은 세미라티스 구조를 가진 공간을 결과물로 현상하게 한다. 추상적인 네트워크 구조나 인터넷의 정보 공간처럼 물리적 거리가 존재하지 않는 세계에서는 개별 요소의 관계성만이 조작의 대상이 된다.

그렇기 때문에 따로따로 흩어진 요소를 어떻게 관련시키는가 하는 데에는 이산수학이 응용된다. 개별 요소가 흩어져 있는데 그럼에도 이어져 있는 인터넷 시대의 이산적인 공간 개념을 건축으로 만들 수 있다고 본다. 그러나 인간이 연속체인 자연에는 결코 도달할 수 없지만, 고도의 정보기술을 구사하여 해상도가 높은 이산과정을 거치고 복잡한 네트워크로 다시 짠다면, 이산적인 인공물인 건축이 한없이 풍부한 연속체인 자연에 가까워질 수 있다는 것이 알고리즘 건축을 하는 이유다.

주석

1 Pierre von Meiss, *Elements of Architecture: From Form to Place*, Van Nostrand Reinhold, 1986, p. 39.

2 Le Corbusier, *Precisions*, p. 68.

3 Adrian Forty, "Order", *Words and Buildings: A Vocabulary of Modern Architecture*, Thames & Hudson, 2000, p. 240.

4 같은 책, p. 242. 재인용.

5 류시화,『나는 왜 너가 아니고 나인가-인디언의 방식으로 세상을 사는 법』「어떻게 공기를 사고판단 말인가」, 김영사, 2003, 15-24쪽.

6 Fumihiko Maki, *Investigations in Collective Form*, Washington University, School of Architecture, 1964, 3장에서 다룬다.

7 5권『말하는 형태와 빛』, 3장 참조.

8 성당聖堂은 모든 신자들을 위한 것이지만, 경당經堂, chapel은 공소, 학교나 병원의 부속 성당, 특수 공동체를 위해 설립된 경배 장소를 말한다.

9 ウイルヘルム・ヴォリンガー, 中野勇(訳), ゴシック美術形式論, 岩崎美術社, 1968(W. Worringer, *Form Probleme der Gotik*. München 1911, *Form Problems of the Gothic*, Filiquarian Legacy Publishing, 2012)

10 Erwin Panofsky, *Gothic Architecture and Scholasticism*, Archabbey Publications, 2005.

11 파울 프랑클 지음, 김광현 옮김,『건축형태의 원리』, 기문당, 1989, 67쪽. 같은 책의 인용문 210쪽, 232쪽, 238쪽 참고.

12 原広司, 空間の把握と計画, 新建築学大系編集委員会, 新建築学大系(23), 彰国社, 1982, p. 335.

13 이탈리아어로 '몸통'이라는 뜻. 머리와 팔, 다리 등이 없는 몸통 조각을 독립된 의미를 지닌 완전한 작품으로 생각하고 부른 이름이다.

14 1973년 칠레 신경생리학자 움베르토 마투라나Humberto Maturana와 프란시스코 바렐라Francisco Varela는 공저『오토포이에시스와 인지: 생명의 유기구성Autopoiesis and Cognition: The Realization of the Living』에서 신경시스템은 자기생성 프로세스를 가지고 있다고 보았다. 그들은 이 과정을 관찰하면서 세포나 면역시스템에서 생명은 자율적이면서 자기유지를 위한 기계와 같은 현상을 찾아냈다.

15 イーフー トゥアン(Yi-Fu Tuan), 山本浩(訳), 空間の経験―身体から都市へ(ちくま学芸文庫), 筑摩書房, 1993, p. 180 (Yi-Fu Tuan, *Space and Place: The Perspective of Experience*, Univ of Minnesota Press, 1977)

16 알렉산더 초니스, 리안 르페브르 지음, 조희철 옮김,『고전건축의 시학』, 동녘, 2007, 31쪽.

17 Thomas Gordon Smith, *Vitruvius on Architecture*, The Monacelli Press, 2003, p. 20.

18 Lionel March, Philip Steadman, *The Geometry of Environment: An Introduction to Spatial Organization in Design*, The MIT Press, 1974, pp. 64, 84.

19 https://www.youtube.com/watch?v=P9yzTTwAj5U

20 Charles Warren, "Brunelleschi's Dome and Dufay's Motet", *The Musical Quarterly* 59, 1973, pp. 92-105.

21 Le Corbusier, *Vers une Architecture*, Editions Flammarion, 1995(1923), p. 50.

22 김형준, 김광현, 「라 로슈 잔네레 주택의 형태 생성 과정에 관한 연구」, 대한건축학회 계획계 논문집 9901.

23 https://namu.wiki/w/화면비율

24 알렉산더 초니스 지음, 이강헌 옮김, 『건축적 사고의 구조』, 태림문화사, 1993. 제11장 앞부분에 근대건축의 '요소'에 관한 내용이 일부 언급되어 있다.

25 Theo van Doesburg, "Towards a Plastic Architecture", *De Stijl*, 1924.

26 Le Corbusier, *Vers une Architecture*, Editions Flammarion, 1995(1923), p. 16.

27 Reyner Banham, *Theory and Design in the First Machine Age*, Architectural Press, 1970.

28 이 계획안들에 대한 가장 상세한 분석은 다음을 참조. 파울 프랑클 지음, 김광현 옮김, 『건축형태의 원리』 「4. 부속중심이 리드미컬하게 배열된 제2차군」, 기문당, 1989, 36-48쪽.

29 Kenneth Frampton, *A Genealogy of Modern Architecture: Comparative Critical Analysis of Built Form*, Lars Muller, 2015, pp. 166-183.

30 Edward Robert De Zurko, *Origins of Functionalist Theory*, Columbia University Press, 1957, p. 6.

31 雨音の由来, https://www.youtube.com/watch?v=DPbET75oFH8

32 3장 「부분의 관계」 참조.

33 David Leatherbarrow, *Architecture Oriented Otherwise*, Princeton Architectural Press, 2008, pp. 133-134.

34 Herman Hertzberger, *Architecture and Structuralism: The Ordering of Space*, nai 010 publishers, 2015.

35 Aldo van Eyck, "labyrinthian clarity", *The Child, the City and the Artist: An essay on architecture; the in-between realm*, SUN, 2008, pp. 98-99.

36 レオン・バティスタ・アルベルティ, 相川浩(訳), 建築論, 中央公論美術出版, 1998, pp. 25-26/11, 第1書 第9章(Leon Battista Alberti, *De Re Aedificatoria*, 1452) 10권 1장에서도 이 인용문이 언급되고 있다.

37 Christopher Alexander, *Notes on the Synthesis of Form*, Harvard University Press, 1964.

38 Christopher Alexander, *A Pattern Language*, Oxford University Press, 1977.

39 Christopher Alexander, *Systems Generating Systems*, Architectural Design, 1968, p. 605.

40 長坂一郎, クリストファー・アレグザンダーの思考の軌跡—デザイン行為の意味を問う, 2015, 彰国社, pp. 126-128.

41 佐々木正人, アフォーダンス——新しい認知の理論 (岩波科学ライブラリー), 岩波書店, 1994, p. 63.

42 James Gibson, "The Theory of Affordances.", *Perceiving, Acting and Knowing*, R. Shaw and J. Bransford(eds.), Lawrence Elrbaum Associates, 1977, pp. 67-68.

43 http://navercast.naver.com/contents.nhn?rid=60&contents_id=980

44 Lucien Kroll, *The Architecture of Complexity*, The MIT Press, 1987, p.30

45 Pierre von Meiss, *Elements of Architecture: From Form to Place*, Van Nostrand Reinhold, 1986, p. 78.

46 David Ruy, "Returning to (Strange) Objects", *Tarp Architecture Manual*, Spring, 2012.

47 Alessandra Latour(ed.), "Toward a Plan for Midtown Philadelphia 1953", *Louis I. Kahn: Writings, Lectures, Interviews*, Rizzoli, 1991, p. 28.

48 Lewis Mumford, *The City in History: Its Origins, Its Transformations, and Its Prospects*, Penguin Books, 1966, p. 439.

49 김봉렬 지음, 『이 땅에 새겨진 정신』, 돌베개, 2006. 한편 한국건축에 관한 그의 기술에는 "중층적 집합, 반복적 집합, 건물군의 집합체, 집합적 관계, 집합적 구조, 집합 구조, 집합 방법, 집합적 공간, 집합적 형태" 등 집합이라는 용어를 사용한 분명하지 않은 술어가 많이 나와 있다. 그러나 그것은 구체적으로 무엇을 의미하는지 알기 어려워 수사적인 표현처럼 보이는데, 내용면에서는 마키 후미히코의 '군조형(群造形)' 개념을 응용한 것으로 보인다. 『한국건축예찬-땅의 깨달음』 「대지에 집합된 사유들」, 리움, 2015, 216-217쪽.

50 Robert Venturi, *Complexity and Contradiction in Architecture*, The Museum of Modern Art, 1966(로버트 벤투리 지음, 임창복 옮김, 『건축의 복합성과 대립성』, 동녘, 2004)

51 같은 책, pp. 89-103.

52 Fumihiko Maki, "Investigations in Collective Form", *A Special Publication No. 2. The School of Architecture*, Washington University, 1964.

53 Robert Venturi, *Complexity and Contradiction in Architecture*, The Museum of Modern Art, 1966, p. 98.

54 Philip Johnson, Mark Wigley, *Deconstructivist Architecture*, The Museum of Modern Art, 1988, p. 10.

55 "Clouds are not spheres, mountains are not cones, coastlines are not circles, and bark is not smooth, nor does lightning travel in a straight line." Benoit Mandelbrot, *The Fractal Geometry of Nature*, W. H. Freeman and Company, 1982, p. 1.

56 Bernard Cache, *Earth Moves: The Furnishing of Territories* (Writing Architecture), The MIT Press, 1995.

57 Sophia Vyzoviti, "Folding Architecture, Concise Genealogy of the Practice", *Folding Architecture: Spatial, Structural and Organiza–tional Diagrams*, BIS Publishers, 2003.

58 Cecil Balmond, *Informal*, Prestel, 2007.

59 Manuel Grausa, "informal", *The Metapolis Dictionary of Advanced Architecture*, Actar, 2003.

60 Cecil Balmond, *Element*, Prestel, 2007.

61 Stan Allen, *Points and Lines: Diagrams and Projects for the City*, Princeton Architectural Press, 1999, pp. 52, 92.

62 "매트 빌딩은 상호 결합, 밀접한 연대의 패턴, 성장, 축소, 변화의 가능성에 바탕을 둔 …… 익명의 집단을 요약한 것이고 할 수 있을 것이다." (앨리스 스미슨Alison Smithon), 1974.

63 Stan Allen, *Points and Lines: Diagrams and Projects for the City*, Princeton Architectural Press, 1999, p. 101.

64 Rem Koolhaas, Bruce Mau, *S, M, X, XL*, 010 Publishers, 1995, pp. 602-662.

도판 출처

알바로 시자의 산타 마리아 교회와 교구 센터 © http://chenhao.studio/?p=858

쿠바 아바나의 비에하 광장 © 김광현

에레크테이온 신전 © 김광현

스베레 펜의 북유럽 파빌리온 © https://www.archdaily.com/784536/ad-classics-nordic-pavilion-in-venice-sverre-fehn/56fa6568e58ece8fe400004d-ad-classics-nordic-pavilion-in-venice-sverre-fehn-photo

알제리의 엘 아퇴프 © https://photorator.com/photo/11275/mzab-valley-algeria-

롱샹 성당 © 김광현

루이스 칸의 킴벨미술관 © Patricia C. Loud(ed.), *Art Museums of Louis I. Kahn*, Duke University Press Books, 1989, p. 117

블로아웃 빌리지 © https://www.pinterest.co.kr/explore/peter-cook/?lp=true

르 코르뷔지에의 라 로슈 주택의 입면 규준선 © Willy Boesiger, Oscar Stonorov(eds.), *Le Corbusier—Œuvre complète Volume 1: 1910-1929, Volume 1: 1910-1929*, Birkhäuser

알도 반 에이크 "나무는 잎이며 잎은 나무다." © Francis Strauven, *Aldo van Eyck: The Shape of Relativity*, Architectura & Natura, p. 398

봉정사 영산암 © 김광현

안드레아 팔라디오의 로툰다 주택 © 김광현

예일대학교 아트갤러리 © https://img.kalleswork.net/Kahn_Yale-Art-Gallery/IMGP1745/

루이스 칸의 엑서터 도서관 © 김광현

산 카를로 알레 콰트로 폰타네 성당 © http://www.skyscrapercity.com/showthread.php?p=100715549

이 책에 수록된 도판 자료는 독자의 이해를 돕기 위해 지은이가 직접 촬영하거나 수집한 것으로, 일부는 참고 자료나 서적에서 얻은 도판입니다. 모든 도판의 사용에 대해 제작자와 지적 재산권 소유자에게 허락을 얻어야 하나, 연락이 되지 않거나 저작권자가 불명확하여 확인받지 못한 도판도 있습니다. 해당 도판은 지속적으로 저작권자 확인을 위해 노력하여 추후 반영하겠습니다.